崔藤兮 杨子涵 冯翰飞 / 编著

会做饭的孩子真棒

中国轻工业出版社

写给我的同龄人

● 嘟嘟（男孩一年级）

我来，我来，我想做饭，我行！

● 小星星（男孩二年级）

太好玩了！和妈妈一起洗菜、择菜，特别开心，觉得自己一下子学会了很多新本领，我真是太厉害了！

● 马克（男孩三年级）

做饭像变魔术一样太有意思了。吃自己做的饭最香。

● 果果（女孩四年级）

自己做的饭，吃起来更香！

● 朵朵（女孩五年级）

我一边做饭一边想，妈妈喜欢什么口味，爸爸喜欢什么口味，我炒的菜是爱爸爸、爱妈妈的味道！

● 卵卵（女孩六年级）

我从小就喜欢烹饪，刚刚比桌子高一点点的时候就开始跟着妈妈做小点心，烹饪不仅是技能，更是乐趣。吃着自己做的美味，很有成就感。

● 菠菜（男孩七年级）

做饭挺好玩的。我爱吃鱼，第一次做番茄鱼，成功了！有些事想着难，真做起来也还行，如果不做就肯定不行。

● 笑笑（男孩八年级）

学会做饭可以提高我们的自理能力，也可以增加我们的生活技能和独立性。在做饭前一定要把这道菜所需要的料备好，就像我们在奔赴人生的考场前一定要学会各种技能一样。

自我总评价	劳动参与		劳动技能	
		○ 懒得干		○ 不感兴趣
		○ 偶尔		○ 慢慢掌握
		○ 经常		○ 小菜一碟
		○ 每天		○ "点赞收割机"

爸妈
写给我的

● 嘟嘟妈

我和你爸结婚前，奶奶跟你爸说要找个勤快点的媳妇，因为你爸太懒了。万没想到，找了个比他还懒的你妈。所以作为男孩子的你一定要学点生存技能！

● 小星星妈

你刚上二年级，先以体验为主，比如怎么洗菜、择菜。目的是培养你的动手能力，你发现了吗？做任何没接触过的事都不是那么容易的！

● 马克妈

做饭能培养你的基本生活技能、家庭责任感，非常重要，很赞成学校开设烹饪课程。

● 果果爸

让咱们在劳动中享受快乐的亲子时光吧！

● 朵朵妈

你喜欢做饭，最喜欢爸爸妈妈吃你做的饭，我们太开心了，这是我们家互相关爱的一种特别接地气的表现形式。

● 卵卵妈

很高兴看到你享受动手烹饪的乐趣，不管最终的作品是成功还是失败，亲生的、亲手做的总是分外美味。

● 菠菜爸

时代不同了，男女都一样，我现在就是家里做饭主力，有益家庭和睦。很支持学校开展劳动技能课。儿子，动手能力必须要强啊！

● 笑笑妈

对于一个不会做饭的妈妈来说，有一个会做饭的娃是多么幸福的事啊！谢谢亲爱的笑笑！

家长总评价	劳动参与	○ 无动于衷 ○ 开始参与 ○ 频繁制作 ○ 喜出望外	劳动技能	○ 总帮倒忙 ○ 小小帮手 ○ 主力队员 ○ 青出于蓝

目录

PART4 谷薯类

PART5 烘焙零食

附录！

一日三餐巧安排

PART1
蔬菜类

1 勺 ≈ 15 克或 15 毫升

1 小勺 ≈ 2 克

菠菜

别　　名	波斯菜、鹦鹉菜
科　　属	藜科菠菜属
收获时间	四季都能栽培①
品种分类	有刺科、无刺科

菠菜是一年生草本植物，原产于伊朗，有 2000 年以上的栽培史，不晚于公元 7 世纪的隋唐时期传入中国。

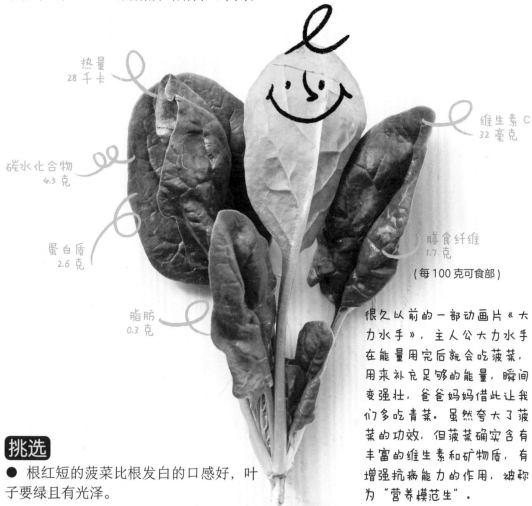

热量
28 千卡

维生素 C
32 毫克

碳水化合物
4.5 克

蛋白质
2.6 克

膳食纤维
1.7 克

(每 100 克可食部)

脂肪
0.3 克

很久以前的一部动画片《大力水手》，主人公大力水手在能量用完后就会吃菠菜，用来补充足够的能量，瞬间变强壮，爸爸妈妈借此让我们多吃青菜。虽然夸大了菠菜的功效，但菠菜确实含有丰富的维生素和矿物质，有增强抗病能力的作用，被称为"营养模范生"。

挑选

● 根红短的菠菜比根发白的口感好，叶子要绿且有光泽。

● 如果菠菜开花了就是老了，口感差，别买。

● 有刺科菠菜的叶片是"尖叶"，比较嫩，不怎么涩口，更适合凉拌、清炒。无刺科是"圆叶"，含水量少，吃起来涩一些，更适合煮汤。

储存

● 尽量当天买当天吃，减少存放时间，其他绿叶菜也一样。

● 用厨房纸巾包裹，装进袋子放冰箱冷藏室，可以保存 3 ~ 5 天。

圆叶菠菜

尖叶菠菜

注①：这里所说的收获时间是该种蔬菜自然生长时间，建议多吃当季时令蔬菜。我国幅员辽阔，南北气候差异很大，这里的收获时间仅供大致参考。

烹饪小课堂！焯水

焯水是很常用的一道烹饪工序，简单说就是把食材放水里短时间煮一下。需要焯的食材以蔬菜、肉类为多。焯蔬菜一般是等水开了，放进去。肉类大多是凉水下锅煮开，等煮出浮沫后，就差不多焯好了。

● 含草酸多的蔬菜可以去除大部分草酸。

● 有些蔬菜（如香椿）含亚硝酸盐含量较高，焯水后可以去除大部分，以减少对身体的不良影响。

● 破坏毒素，比如豆角、扁豆等含皂素和植物血凝素，如果没有煮熟烧透，容易引起恶心、呕吐、四肢麻木等食物中毒症状。焯水后可以破坏这些物质，还能减少后面烹制的时间。

● 卫生、去农残。

● 去除异味。

编辑有话说！

焯 有两个读音 chāo、zhuō。读作 zhuō 时意思为：明显、明白。读作 chāo 时的基本字义是：把蔬菜放在开水里略微一煮就拿出来，例如"焯菠菜"。

科学小课堂！制作天然染色剂——菠菜汁

200 克菠菜洗干净，切段，放入料理机里，再倒入 500 克水，搅打成汁，这绿色汁液就是纯天然的染色剂，加入面粉里，就能做出绿色的面条，包出绿色的饺子。

果仁拌菠菜

食材 ● 菠菜 250 克，花生米 100 克，熟白芝麻少许。

调料 ● 大蒜 3 瓣，盐 2 小勺，白糖半勺，香油 2 小勺，醋 2 勺，酱油 1 勺。

用具 ● 汤锅、炒锅、锅盖、锅铲、漏勺、刀、筷子、水盆、碗、盘子。

扫一扫 看视频

1 花生米洗净，一定要晾干；菠菜择洗干净，先别切。开火，坐锅烧热，倒油加热后下花生米翻炒。

2 炒花生米时一定要小心，如果花生米带水就会溅出油来。不过不怕，我有锅盖当盾牌。

3 花生米炒到外皮变色后捞出凉凉，备用。

4 锅里放清水烧开，放一点盐，半勺油，放入菠菜。菜多不怕，因为菠菜遇到热水后就缩小了。

5 焯水 45~60 秒，捞出菠菜，直接进凉水盆给菠菜洗个澡。捞出挤干水分，切长约 3 厘米的段。

6 大蒜去皮后，先拍扁，再剁碎，将剩下的盐、白糖、醋、酱油、香油调成汁。

7 花生米放入菠菜中，浇上调好的汁，再放入蒜末和熟白芝麻，果仁菠菜大功告成啦！

自我评价
○ 基本掌握
○ 熟练操作
○ 晒图分享

TIPS

1. 拍蒜的时候请注意，刀别离蒜太远，别太使劲，不然，拍完有一半你可能要到地上、灶台、水池子里找了。第一次拍时可以请父母在旁边帮忙看护一下。如何剥蒜见 21 页。
2. 菠菜焯水时放少许盐和油，可使焯过的菠菜颜色翠绿。
3. 菠菜做菜时建议先焯水，因为它含有大量草酸。草酸会妨碍人体对钙质的吸收，而且会有苦涩味。焯水时，水放多一些，去涩效果更好。其他含草酸较多的蔬菜有苋菜、马齿苋、鲜竹笋、茭白等。
4. 如果蔬菜的体积不是太大，一般先焯水再切，这样蔬菜切面少，营养素流失少。

多吃绿叶菜脸色会变绿吗

父母、老师是不是总让你多吃蔬菜？他们说的是对的，不管你是 6 岁刚上学，还是 18 岁要毕业，中国营养学会推荐的"膳食宝塔"中各类食物占比，蔬菜都是占第一位的。在各种蔬菜中，像菠菜这样的绿叶菜能占你全天食用蔬菜量的一半就更好了。吃了这么多绿油油的蔬菜，脸色会不会变绿？你放一百个心，绝对不会！反倒是不吃，当心会一脸菜色。

盐 <4 克 / 天
油 20~25 克 / 天

奶及奶制品 300 克 / 天
大豆 105 克 / 周
坚果 50 克 / 周

畜禽肉 40 克 / 天
水产品 40 克 / 天
蛋类 25~40 克 / 天

蔬菜类 300 克 / 天
水果类 150~200 克 / 天

谷类 150~200 克 / 天
——全谷物和杂豆 30~70 克 / 天
薯类 25~50 克 / 天

水
800~1000 毫升 / 天

6~10 岁学龄儿童平衡膳食宝塔

你 知道的绿叶蔬菜还有哪些？

家长评价
○ 基本掌握
○ 熟练操作
○ 晒图分享

圆白菜

别　　名	卷心菜、包菜、莲花白、洋白菜
科　　属	十字花科芸薹属
收获时间	5月、9月

看到圆白菜的别名洋白菜，就知道它是远渡重洋来的了，它原产于地中海一带，现在中国各地都有栽培。

热量
24 千卡

维生素C
40 毫克

碳水化合物
4.6 克

膳食纤维
1.0 克

蛋白质
1.5 克

脂肪
0.2 克

（每100克可食部）

胃口不好的时候，可适当多吃点有促进消化作用的圆白菜，还能帮助预防便秘。咽喉疼痛、外伤肿痛、胃痛、牙痛时，可以将圆白菜榨汁后饮用或涂于患处，因为它有一定杀菌、消炎的作用。

挑选

同样大小的圆白菜，挑分量重的。

储存

"尽快吃完"，这句话在储存食材时出现频率一定是最高的，特别是新鲜蔬菜。如果一次吃不完，建议从外层按顺序食用，最好不要用刀一切两半，那样剩下的部分营养损失比较大。可放冰箱冷藏。

自我评价
○ 基本掌握
○ 熟练操作
○ 晒图分享

菜谱!

手撕圆白菜

食材 ● 圆白菜半棵。

调料 ● 葱花适量，花椒5粒，生抽、蚝油各1勺，醋2勺，白糖半勺，盐1小勺。

用具 ● 平底锅、锅铲、盘子。

1 圆白菜洗干净，用手撕成片，想着一口吃多大，就撕成多大。

2 开火，锅热后倒入植物油，放花椒，等它颜色变深了再放葱花。放葱花时可以把火关小点。

3 稍微翻动一下葱花，倒入圆白菜片，大火翻炒均匀。尽量让每片菜叶子都要动起来，如果长时间不动，可能靠近锅底的部分就焦黑了。

4 加入醋、生抽、白糖、盐，大火翻炒1分钟左右。出锅前加入蚝油，翻炒均匀即可。

扫一扫 看视频

TIPS 🍜

1. 蔬菜能用撕的就别切，既安全，营养损失还少。

2. 能吃辣的同学，可以放两个干辣椒，下饭。

3. 一定要及时翻动，哪怕是推动也行，白净的圆白菜一旦烧焦了难看又难吃。

4. 酱油、生抽、老抽有啥区别？生抽、老抽都属于酱油，生抽颜色浅，味道咸，做凉菜、炒蔬菜时多用它调味；老抽颜色重，做炖肉等菜时，常用它上色。搞不清楚，就用酱油。

家长评价
○ 基本掌握
○ 熟练操作
○ 晒图分享

番茄

别　　　名	西红柿、洋柿子
科　　　属	茄科番茄属
收获时间	6~9月

番茄别名西红柿，一看带个"西"字，就知道这种食物不是原产中国，它原产南美洲。据说，17世纪传入菲律宾，后传入亚洲其他国家。

热量
15千卡

蛋白质
0.9克

脂肪
0.2克

碳水化合物
3.3克

维生素C
14毫克

（每100克可食部）

挑选

质量好的番茄外形饱满、红色均匀、没有疤痕。尚未成熟的青番茄含有毒素，不要选购。

储存

能尽快食用就不久放。吃不完的番茄装入塑料袋中，放入冰箱冷藏。

番茄是不是你平时最常吃的？它味道酸甜、爽口，生吃熟吃都行，虽为蔬菜，但从植物学意义上应归属于水果，堪称"蔬菜中的水果"。番茄中的营养素以番茄红素及维生素C含量最为丰富。

烹饪小课堂！炒

炒可以说是一种使用最广的烹饪方法了，先把油加热，再放入切成丁、丝、片或小块等较小型的原料，用中大火在较短时间内加热成熟、调味成菜。

炒的小技巧

炒菜要注意油温的控制，比如三四成热、七八成油温，这些对于同学们来说有点复杂。这里简单说一下大致不会出大毛病的方法。

一般来说，简单的炒菜，先把锅烧热，然后倒一些油，可以把锅转一下，让锅壁都粘上油，防煳。烧热油的过程火别太大，不要等冒很多烟了再放材料，油冒烟了再炒菜，对身体不好，而且这时不管是放入葱、姜、蒜、花椒等炝锅，还是放主要食材，很快都会煳。

可以等油烧一会儿，拿一根干净没有水的筷子，插入油中试一下，筷子周围有密集的气泡时，此时你可以从容不迫地去拿切好的葱姜蒜，不要着急忙慌地放进去，要从容优雅，让在厨房门外凝视你的爸妈，把紧张甚至怀疑的眼光切换成自叹不如的欣喜。

此时只要火开的不是特别大，马上放或者再等几秒放菜都是"不太会出错"的火候。

你知道"炒鱿鱼"除了是一道菜以外，还有其他意思吗？

15

菜谱!

番茄炒鸡蛋

食材 ● 番茄、鸡蛋各3个。
调料 ● 葱花少许，盐1小勺，白糖1勺。
用具 ● 炒锅、大碗、刀、筷子、锅铲。

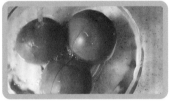

1 番茄洗干净，划十字刀，用开水烫后，去外皮；鸡蛋打散。

2 将去皮的番茄切成小块。

3 开火，锅里加少许油，将鸡蛋液慢慢倒进锅里，炒碎、炒熟，盛出。

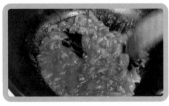

4 锅里放少许油，加入葱花，放入番茄块，炒出沙，就是多炒一会儿，三四分钟吧，加入盐炒匀。

5 倒入炒好的鸡蛋，加入白糖再翻炒一两分钟，出锅。

扫一扫 看视频

TIPS

1. 番茄去皮：如果番茄成熟度比较高，在其上划十字刀，用开水烫一下，就可以把皮撕下来。如果是比较硬的，就要放开水里煮一两分钟，皮才好撕。小心呀！烫过的番茄有点烫手。

2. 番茄不去皮也完全可以。

自我评价
○ 基本掌握
○ 熟练操作
○ 晒图分享

盐 <5 克 / 天
油 25~30 克 / 天

奶及奶制品 300 克 / 天
大豆 105 克 / 周
坚果 50~70 克 / 周

畜禽肉 50 克 / 天
水产品 50 克 / 天
蛋类 40~50 克 / 天

蔬菜类 400~450 克 / 天
水果类 200~300 克 / 天

谷类 225~250 克 / 天
——全谷物和杂豆 30~70 克 / 天
薯类 25~50 克 / 天

水
1100~1300 毫升 / 天

🍴 11~13 岁学龄儿童膳食平衡宝塔

番茄生吃好，还是熟吃好

生吃

如果想多补充维生素C，就洗干净了生吃，糖拌也很常见。

VS

熟吃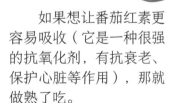

如果想让番茄红素更容易吸收（它是一种很强的抗氧化剂，有抗衰老、保护心脏等作用），那就做熟了吃。

家长评价
○ 基本掌握
○ 熟练操作
○ 晒图分享

西蓝花

别　　　名	青花菜、绿菜花
科　　　属	十字花科芸薹属植物
收获时间	5~6月，9~10月

西蓝花原产于意大利，在意大利、英国、法国、荷兰栽培广泛。19世纪初传入美国，后传入日本，慢慢在世界各国都有栽培。

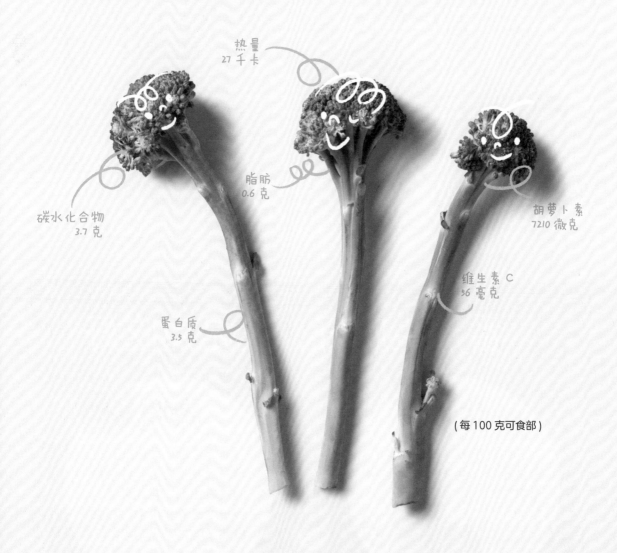

热量
27
千卡

脂肪
0.6 克

碳水化合物
3.7 克

胡萝卜素
7210 微克

维生素 C
56 毫克

蛋白质
3.5 克

（每100克可食部）

挑选

选特别绿，花球紧密结实、表面无凹凸的。如果不太绿，还开了黄花，就表明不新鲜了，味道也较差。

储存

想吃时再买，买了在它特别绿的时候赶紧吃，否则放两三天就发蔫、发黄了。最大的建议就是别储存，当天吃。

 # 让人有点惊讶的西蓝花

看西蓝花这么绿是不是就感觉很健康了。它确实营养丰富，含有丰富的维生素C、维生素K、硒等营养素，还有一些抗癌成分，比如咱爸妈也不一定念明白的葡糖异硫氰酸盐。你一定要记住的是它的胡萝卜素含量特别高，对视力有益处，比大家最熟悉的胡萝卜要高出差不多1倍。胡萝卜素对于人体视觉发育至关重要，所以同学们，在网课越来越多的当下，哪怕你不爱吃，含泪也得多吃点西蓝花啊！

维生素 A

是一种脂溶性维生素，有促进生长、生殖，维持骨骼、上皮组织、视力等多种生理功能。

VS

胡萝卜素

胡萝卜素被你吃进去之后，在体内可以转化成维生素A。一般营养师会建议大家在做富含胡萝卜素的食物时，尽量与油或肉一起烹制，以便更好地吸收营养物质，其实只要这顿饭里其他的菜有肉、有油，效果也差不多。

富含胡萝卜素的食物一定是黄色的吗

不一定，有很多绿叶蔬菜胡萝卜素的含量也很高。

这些绿叶蔬菜之所以呈现绿色而不是黄色，主要是因为其中绿色的叶绿素含量更高，掩盖了胡萝卜素的黄色。

编辑有话说！

有些书上会把这两种营养素当一种混写。但是中国轻工业出版社在健康图书上的编辑是非常严谨的，动物性食物中含维生素A，而胡萝卜素只存在于植物性食物中，所以若说西蓝花、胡萝卜中富含维生素A，是不够严谨的。

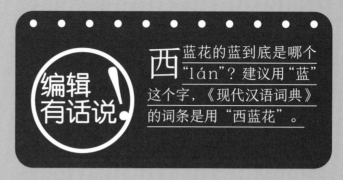

编辑有话说！

西蓝花的蓝到底是哪个"lán"？建议用"蓝"这个字，《现代汉语词典》的词条是用"西蓝花"。

虽然 14-17 岁还被称为孩子，但是吃蔬菜的量早就与成人一样了。建议绿色的、红色的、黄色的、紫色的、白色的，各种颜色的蔬菜都吃。

盐 <5 克 / 天
油 25~30 克 / 天

奶及奶制品 300 克 / 天
大豆 105~175 克 / 周
坚果 50~70 克 / 周

畜禽肉 50~75 克 / 天
水产品 50~75 克 / 天
蛋类 50 克 / 天

蔬菜类 450~500 克 / 天
水果类 300~350 克 / 天

谷类 250~300 克 / 天
——全谷物和杂豆 50~100 克 / 天
薯类 50~100 克 / 天

水
1200~1400 毫升 / 天

14~17 岁学龄儿童平衡膳食宝塔

自我评价
○ 基本掌握
○ 熟练操作
○ 晒图分享

清炒西蓝花

食材 ● 西蓝花 1 棵。

调料 ● 蒜半头，蚝油 1 勺，白糖、盐各 1 小勺。

用具 ● 平底锅、汤锅、锅铲、笊篱、 捣蒜器、盘子。

1 西蓝花用手掰成小朵。 其实花柄也很好吃，可 以将其切片同炒。

2 开火，汤锅中倒入水 烧开，放入西蓝花煮， 最多不超过2分钟，断生就 行。捞出后沥干水分，炒 的时候才不会进油哦。

3 剥蒜前可以用刀背先 拍一下，好剥皮，用捣 蒜器将蒜捣成蒜碎。用刀 剁也行，但用捣蒜器或者 石臼子更安全些。

4 平底锅烧热，倒入成 人巴掌大的油量，放入 蒜碎，炒至金黄色。

5 将焯好的西蓝花倒入 锅里翻炒，加入盐、白 糖、蚝油翻炒均匀即可。

扫一扫 看视频

TIPS 🍲

剥蒜：很多同学最先参与的厨房劳动恐怕就是剥蒜了。看看我的剥 蒜小妙招，找一个空瓶子，放入大蒜，然后摇动瓶子，很快蒜皮和 大蒜就会分离开。也可以戴上橡胶手套，用手轻轻地揉搓大蒜，蒜皮 很快就会脱落了。还可以把大蒜放入微波炉，转动 30~60 秒，取出 用手轻轻一剥，皮肉就会分离，又快又完整。

家长评价
○ 基本掌握
○ 熟练操作
○ 晒图分享

蒜薹

别　　名	蒜苗、蒜毫
科　　属	百合科葱属
收获时间	4~6 月

我国江苏省盐城市射阳县被命名为"中国蒜薹之乡"，是蒜薹及大蒜的主要产地。

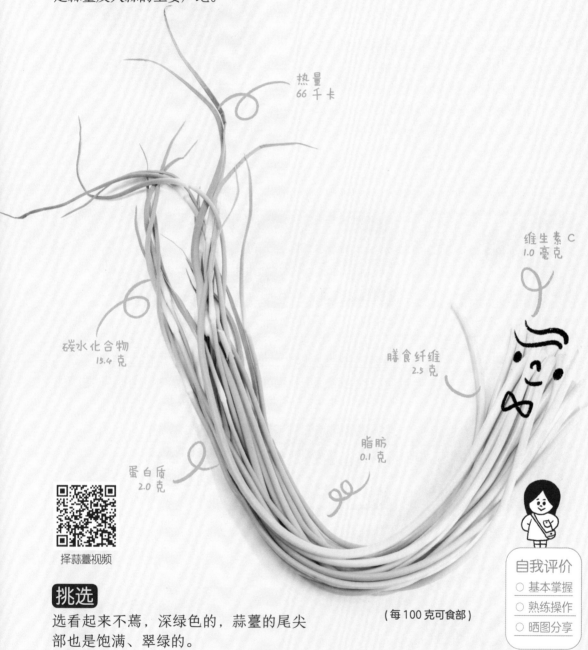

热量
66 千卡

维生素 C
1.0 毫克

碳水化合物
15.4 克

膳食纤维
2.5 克

脂肪
0.1 克

蛋白质
2.0 克

择蒜薹视频

（每 100 克可食部）

挑选

选看起来不蔫，深绿色的，蒜薹的尾尖部也是饱满、翠绿的。

储存

一次少买些，尽快吃完。不管放阴凉通风的室温环境还是冰箱冷藏，蒜薹放不了几天都会发黄变蔫，不好吃了。

自我评价
○ 基本掌握
○ 熟练操作
○ 晒图分享

看到"蒜"这个字，是不是能想到"杀菌"，蒜薹就是由大蒜种出来的，所以蒜薹也有很好的杀菌能力，对预防流感、防止伤口感染和驱虫有一定帮助。

烹饪小课堂！ 刀工——切

做饭、做菜就绕不开用刀，虽然这是家长们特别担心的厨房安全问题之一，但是不用刀做饭的孩子不是一个好小厨。

其实，掌握了用刀的一些基本方法，小心一些，多练习练习，是没啥大问题的。开始的时候家长可从旁指导、防护，但是一定不要因为怕有伤害就不让孩子去练。

切一样大小

这个原理大家都知道，无论将食材切成丁、丝、条、块等何种形状，都要切的大小相同、厚薄均匀、长短整齐、粗细相等。这样能防止成熟度不均、调味不匀。但这也是开始切菜时，特别是同学们手腕力量比较小时，常常做不好的地方。只能多注意、多练习。

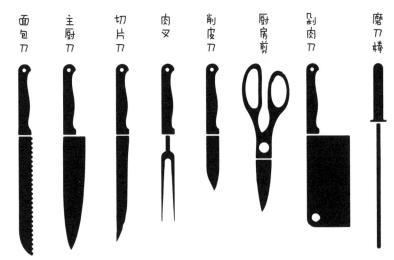

面包刀　主厨刀　切片刀　肉叉　削皮刀　厨房剪　剁肉刀　磨刀棒

切时两手的姿势

扶着食材的手指自然弯曲，四指指尖贴近手心，用四指的第二指关节顶住刀背，四个手指头一定是收起来，大拇指也是尽量往后收，另一只手下刀时，刀面向食材外侧倾斜，而不是冲着自己手指头的方向切。这样，开始速度慢一点，是不会切到手的。切的次数多了，熟能生巧，自然就快了。

23

蒜薹炒腊肉

食材 ● 蒜薹1把（400克左右），腊肉10片。

调料 ● 葱花适量,白糖1小勺,生抽1勺,蚝油半勺。

用具 ● 平底锅、锅铲、锅盖、刀、盘子。

扫一扫 看视频

1 蒜薹洗净,掐去尾部,切成寸段。

2 开火,平底锅烧热,倒入成人巴掌大的油量,倒入葱花炒出香味。

3 先放腊肉片,炒到变色透明,下蒜薹段。

4 加入生抽、白糖,翻炒均匀。

5 盖上锅盖转小火焖一会儿,出锅前加入蚝油拌匀即可。

6 盛出享用吧。

TIPS 🍱

1. 有些大人吃蒜薹喜欢略生,色泽油绿,口感清脆带有少许辛辣味儿。我喜欢吃彻底断生的蒜薹,色泽偏黄,口感软甜,所以需要盖上锅盖转小火焖一会儿。

2. 还有些大人做这道菜时放豆瓣酱和干辣椒,能吃辣的同学也不妨尝试一下。不过,蒜薹味重,咸味的调料比一般的菜要少放点儿。

家长评价
○ 基本掌握
○ 熟练操作
○ 晒图分享

 # 只吃一种食物行不行

当你是个很小很小的宝宝时，只吃母乳是可以的，从出生至 6 个月，这时候的婴儿可以通过母乳获取身体所需的营养和水分，但是再往后就不行了，要通过吃各种食物，补充七大营养素，才能正常生长发育。

碳水化合物
身体的主要能量来源
主要来源
谷类、薯类、杂豆类

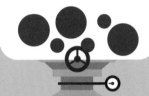

蛋白质
构成肌肉和各种组织的主要成分
主要来源
畜禽肉、蛋类、水产品、大豆及其制品、奶及奶制品

脂肪
可提供能量、维持人体温度
主要来源
畜禽肉、水产品、油、坚果

水 是构成身体的主要成分之一，人一般断水 5~10 天即可危及生命。断食至所有体脂和组织蛋白质耗尽 50% 时，才会死亡，而断水至失去全身水分 10% 就可能死亡。

矿物质
构成人体组织和维持正常生理功能必需的各种元素的总称
主要来源
蔬菜类、水果类

维生素
可维持血液和组织的正常工作
主要来源
蔬菜类、水果类、坚果

膳食纤维
可促进肠蠕动、减少食物在肠道中停留的时间，促进消化系统健康
主要来源
谷类、薯类、蔬菜类、水果类

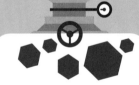

没有一种食物是含有人体必需的所有营养素的，所以父母、老师一定跟你说过，吃饭不要挑食！什么都吃一些是最好的，每天你有没有吃够 12 种食物？记住都是用面粉做的馒头、花卷、面条只能算一种！当你吃马铃薯、红薯等薯类食物时，其他主食应适当减少一些，因为虽然大家一般当它们是蔬菜，但从分类上讲它们更被当作粮食的一部分。

豌豆

别　　名	寒豆、雪豆
科　　属	豆科豌豆属
收获时间	4~5月，7~8月

原产于数千年前的亚洲西部、地中海地区，是世界上重要的栽培作物之一。

虽然豌豆属于杂豆类，但鲜豌豆人们还是习惯将其放在蔬菜类中。

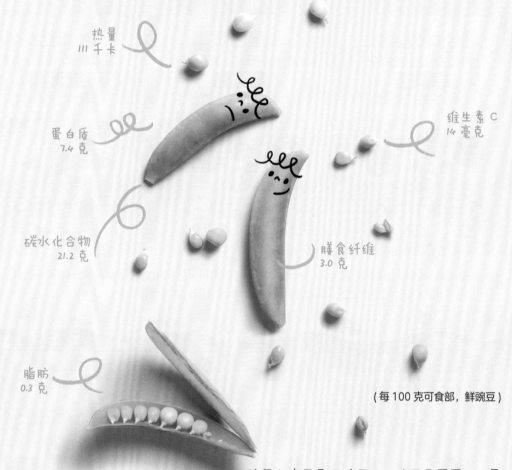

热量
111 千卡

蛋白质
7.4 克

维生素 C
14 毫克

碳水化合物
21.2 克

膳食纤维
3.0 克

脂肪
0.3 克

（每100克可食部，鲜豌豆）

豌豆与青豆是两种豆子，豌豆是圆圆的，属于杂豆类，所含碳水化合物更多；青豆是椭圆形，更长一些，属于大豆类（还包括黄豆、黑豆），含优质蛋白质非常高。

挑选

选圆圆的饱满的，色泽翠绿，无虫蛀的，不要瘪的。还可以用手捏一捏，老豌豆质地比新鲜豌豆更硬一些。

储存

新鲜的豌豆焯水后，过凉水，控干表面水分，然后装保鲜袋中放冰箱冷冻。

豌豆

青豆

自我评价

○ 基本掌握

○ 熟练操作

○ 晒图分享

肉末豌豆

食材 ● 豌豆 300 克，肉末 80 克。

调料 ● 葱花、姜末各适量，盐 1 小勺，白糖半小勺，生抽 1 勺。

用具 ● 不粘锅、锅铲、锅盖、盘子。

家长评价
○ 基本掌握
○ 熟练操作
○ 晒图分享

扫一扫 看视频

1 开火，将不粘锅烧热，倒入成人巴掌大的油量烧热，放入葱花、姜末炒出香味。

2 将肉末倒入，炒散至变色。

3 倒入洗净晾干的豌豆，加入白糖、盐、生抽翻炒均匀。

4 稍加一点热水，盖上锅盖小火焖 10 分钟，其间可以晃动不粘锅。盛出享用吧。

TIPS

豌豆有嫩有老，炒菜的话，尽量挑嫩一些的豌豆，更好吃。

豆芽菜

豆芽菜一般包括黄豆芽、绿豆芽、黑豆芽，也就是分别用黄豆、绿豆、黑豆泡发，泡发时间长一些，豆芽也更长。还有一种叫小豆芽，就是后面菜谱用的这种，长一个小尾巴的豆芽。别看尾巴小，营养可丰富了，是营养师们特别推荐食用的食材。在豆芽菜还是豆子的时候，维生素含量普遍不高，但是长出尾巴后变成豆芽菜，维生素的含量就飞速上升啦。

古人赞誉豆芽菜是"冰肌玉质""金芽寸长""白龙之须"，豆芽的样子又像一把如意，所以人们又称它为如意菜。

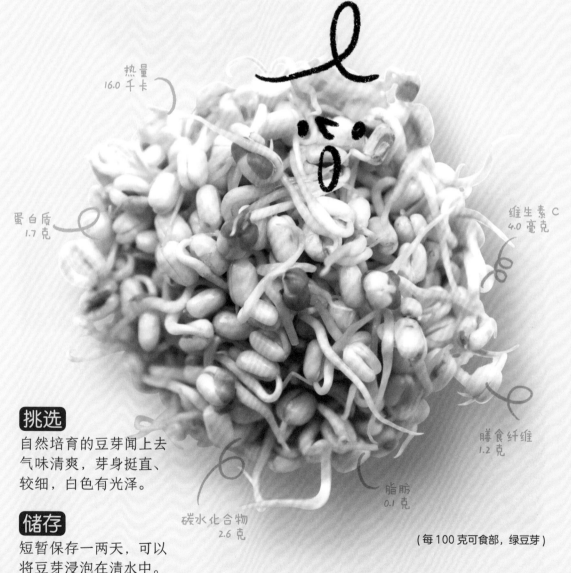

热量
16.0 千卡

蛋白质
1.7 克

维生素 C
4.0 毫克

膳食纤维
1.2 克

脂肪
0.1 克

碳水化合物
2.6 克

（每100克可食部，绿豆芽）

挑选
自然培育的豆芽闻上去气味清爽，芽身挺直、较细，白色有光泽。

储存
短暂保存一两天，可以将豆芽浸泡在清水中。

你的小学生涯一定会发一次的豆芽菜

扫一扫 看视频

我和妈妈第一次一起发豆芽时，妈妈说她上一次发豆芽还是小学四年级，也是她第一次发豆芽。就像她教我这样，姥姥念一个步骤，她按要求做一步。

1 抓两把绿豆放在碗里（第一次发豆芽，少发点儿，免得失败浪费），用自来水洗两次，倒入水没过绿豆泡6~8小时。

2 把泡豆的水倒出来，冲洗一遍绿豆，滤干。干净笼布用自来水浸湿，平整地铺在盘底，将绿豆均匀地铺在上面，淋适量水在其上。水不要淋太多，略微浸住绿豆就行。

3 再取一块干净的笼布，完全浸湿后覆盖在绿豆上。这是为了防止水分蒸发太快，影响绿豆发芽。

4 将盘子放在温暖湿润处，避开阳光直晒。第二天，会发现绿豆已经冒小芽了。重复步骤2~3。

5 第三天，根据绿豆发芽情况决定要不要再次重复步骤2~3多发一天。通常20~25℃的环境第三天就发好了。

TIPS

1. 豆子要充分浸泡；笼布一定要干净，可以换成纱布；保持豆子在温暖湿润的环境下自然生长，其间如果水分蒸发太快，可以稍微在笼布上淋点水。类似操作也可以用来发黄豆或其他豆子。

2. 一般黄豆、绿豆等干豆富含蛋白质和钾，但维生素C含量较少。通过发芽变成豆芽菜，其维生素C和B族维生素含量大大提升。多吃点豆芽菜，营养吸收更好！

编辑有话说！

你的老师有没有让你做过"发芽率"的实践活动？六年级的数学课可能会遇到。先自己动手发豆芽，再算算发芽率。

发芽率 = 发芽豆子数量 / 实验豆子总数 ×100%

这是百分数在生活中的应用。所以不要以为学会加减乘除会买东西就行了，数学在生活中的运用太多了！

菜谱！

醋熘
绿豆芽

食材 ● 自发绿豆芽250克。
调料 ● 盐、白糖各1小勺，
葱花适量，花椒6
粒，醋2勺，生
抽1勺。
用具 ● 平底锅、锅铲、刀、
盘子。

扫一扫 看视频

1 自发绿豆芽最大的工
作就是去皮，绿豆芽泡
在水里，把浮在水面上的
绿豆皮拣出来，这个耗时
20分钟，需要耐心。

2 开火，将锅烧热后倒
入成人巴掌大的油量，
放入葱花和花椒炝锅。

TIPS

1. 步骤3中，将沾有水的食
材倒入锅里的时候可能会迸
油，所以动作要快，离锅不能
太远，豆芽一下子全倒入，不
给油蹦起来的机会。
2. 不得不"大众点评"一下
这道自发绿豆芽，酸甜的口感
衬托着豆香，是一种绵软弹牙
的奇妙口感。想知道到底有多
奇妙，赶紧自己试一下吧。

3 将绿豆芽倒入锅里
翻炒。

4 加入盐、白糖、醋、生
抽，翻炒均匀即可。

自我评价
○ 基本掌握
○ 熟练操作
○ 晒图分享

厨房安全

火!

 油锅起火时先迅速关闭燃气阀门，盖上锅盖或用湿抹布覆盖。可在灶台边放一瓶小苏打。遇到小火可以用苏打粉扑灭。千万别直接用手去试温度。

❌ 泼水灭火非常危险，可能导致火势蔓延。

气!

 使用前检查排风系统是否正常。确认打着火了。使用完及时关闭。

❌ 开火后，人离开，这可不能闹着玩。

糖!

 糖类调料要放带封口的器皿中，玻璃制品最好，用后及时彻底清洁餐具及台面。

❌ 糖类使用后清洁不净，极易生虫或招来蟑螂。

家长评价
○ 基本掌握
○ 熟练操作
○ 晒图分享

电!

 厨房一般电器较多，电源插头也较多，用完要及时关掉电源、将插头拔出。连接电源时检查插头、插座是否在安全使用范围之内，这最好由家长操作。

❌ 一个接线板插过多电源，接线板可能会累坏的。能使用没有独立开关的接线板吗？已被淘汰了。

烫!

 厨房中的水壶、炒锅、蒸箱、高压锅、电饭煲等在工作时都很烫，不光厨具本身，其冒出的气体也很容易烫伤人。要不等制作好后，放凉一些再动，要不就拿布或隔热手套等垫着再触碰。

❌ 直接用手去试温度，你可能会哭着去找烫伤药。

香菇

别　名	花蕈、香信
科　属	光茸菌科香菇属

香菇的栽培起源于中国，至今有 800 多年历史了。香菇也是著名的药用菌，历代医药学家对香菇的药性及功用都有著述。总之香菇是很有价值的一种菌类，建议常吃。

你会不会觉得把香菇放蔬菜类不对，它不是蘑菇吗？但它真的属于蔬菜啊，不信你去查查《现代汉语词典》"蔬菜"的解释。

碳水化合物
5.2 克

热量
26 千卡

蛋白质
2.2 克

维生素 C
1.0 毫克

膳食纤维
3.3 克

脂肪
0.3 克

(每 100 克可食部，鲜香菇)

挑选

好的

不好的

鲜香菇：好的香菇摸上去干燥，用手掂轻飘飘的。不是越大越好，而是菌盖越厚越好，外形圆润，紧实饱满的即可，体形适中的香菇口味最佳。差的香菇颜色发黑，湿漉漉的，菌盖薄，而且边缘全部打开了。这样的口感差，不好吃。

干香菇：选香菇蒂四周褶皱部分紧密整齐的，整体色泽为黄褐色，过深偏紫红色的可能是陈年的。

储存

鲜香菇放阴凉通风的地方，一般能保存 5~7 天不变质，保存前要把有损伤的香菇与完好的香菇分离开，不然会影响好的香菇的保存期。

自我评价
○ 基本掌握
○ 熟练操作
○ 晒图分享

菜谱!

香菇油菜

食材 ● 油菜 200 克，鲜香菇 5 朵。
调料 ● 蚝油 1 勺，白糖、盐各 1 小勺，葱花适量，花椒 5 粒。
用具 ● 平底锅、锅铲、刀、盘子。

家长评价
○ 基本掌握
○ 熟练操作
○ 晒图分享

扫一扫 看视频

1 先将油菜沿根部掰开叶片，清洗干净。

2 香菇去蒂，清洗干净，切片。

3 开火，将锅烧热，倒入成人巴掌大的油量，油烧热后加入葱花和花椒炝锅。

4 倒入香菇片，翻炒至软。

5 倒入油菜叶，翻炒至变色。

6 转小火，加入盐、白糖、蚝油，翻炒均匀即可。

TIPS

香菇油菜真的是炒青菜的首选，简单快手又好吃。有时候我会将香菇换成赤松茸、秀珍菇甚至是猴头菇，你们也可以试试其他菌类啊。

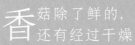

干货泡发

香 菇除了鲜的，还有经过干燥处理的干品，可以储存很长时间。但是使用前要先泡发。简单地说，用凉水、温水、开水都能泡开，水的温度越高泡发的时间越少。如果用冷水泡，至少要半天时间。建议用凉水或温水泡。

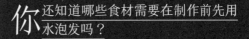

你 还知道哪些食材需要在制作前先用水泡发吗？

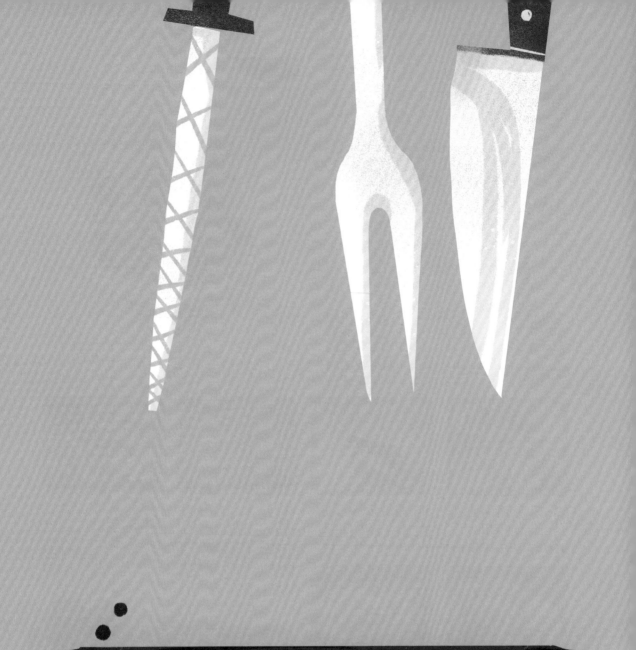

PART2
畜禽类

猪肉

猪肉是餐桌上最常见的动物性食品了。相比牛肉，猪肉的纤维组织更为细软，烹调加工后肉味很鲜美。无论是炒、炖、烧、烤、炸、爆，还是熘、酱、扒、焖等，都可以胜任。

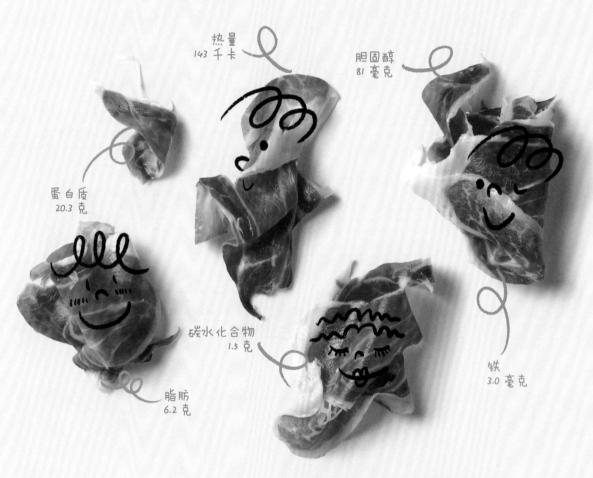

热量
143 千卡

胆固醇
81 毫克

蛋白质
20.3 克

碳水化合物
1.5 克

铁
3.0 毫克

脂肪
6.2 克

(每100克可食部，猪瘦肉。食材图为火腿片)

挑选

新鲜猪肉，脂肪洁白，肌肉有光泽，红色均匀，外表微干或微湿润，弹性好，用手指压在瘦肉上，凹陷能立即恢复，且有鲜猪肉特有的正常气味。

储存

一次吃不完的猪肉，可用保鲜膜包裹起来，放在 4℃ 的温度下保存，可保存 2~3 天。即便冷冻，也不要超过 6 个月。

自我评价
○ 基本掌握
○ 熟练操作
○ 晒图分享

培根秋葵卷

食材 ● 秋葵 200 克，培根 5 片。
调料 ● 黑胡椒碎少许，橄榄油适量。
用具 ● 平底锅、汤锅、刀、漏勺、锅铲、
　　　大碗、盘子、牙签。

扫一扫 看视频

1 秋葵清洗干净，放入
　开水中焯水。

2 大约 1 分钟即可，将
　秋葵捞出放入凉水中
　过凉。

3 将培根切成三段，取其
　中一段，放上秋葵，卷
　成卷。边缘用牙签固定，
　依次穿好。

4 平底锅烧热后加适量
　橄榄油，将培根秋葵卷
　——放入。

5 撒上黑胡椒碎，翻动煎
　熟即可。

6 盛出享用吧。

TIPS

蔬菜焯水下锅的时候，一般不会往外迸溅。有的同学害怕热水热锅，会高举快扔，反
而会让锅里的热水迸溅出来。所以，往开水锅里放秋葵焯水时，正常高度、正常速度，
即可避免热水溅出。

莲藕排骨汤

食材 ● 猪排骨 300 克，粉莲藕 2 节。

调料 ● 姜 5 片，葱段 15 克，料酒 3 勺，
　　　盐 2 小勺。

用具 ● 刮皮刀、刀、砂锅、撇沫勺、
　　　汤碗。

扫一扫 看视频

1 用刮皮刀将莲藕刮皮，
要小心一些，莲藕比
较滑、硬。

2 排骨冲洗干净，用清
水浸泡半小时，去腥、
去血水。

3 将莲藕切成滚刀块。莲
藕切好后泡在清水中，
可防止氧化变黑，但会丢
失一些维生素和矿物质。

4 开火，放上砂锅，放入
泡过的排骨，再加满清
水，水烧沸后用撇沫勺撇
去浮沫，放入葱段、姜片，
倒入料酒去腥。

5 加入莲藕块，转小火
焖炖 80 分钟。

6 炖到汤由清转浓，出锅
前加入盐。盛出，略放
凉就可以享用了。

TIPS

1. 滚刀块就是将原料滚起来切成块。一般原料与刀的角度为
45~60 度，每切一块滚动一次原料，其滚动的幅度取决于你想加
工出块状的大小，一般是一次将食材滚动三分之一周。

2. 煮排骨汤的水一定要加满，中途不要加水，否则会有损风味。

烹饪小课堂

煮

煮是一种常用烹饪方法，就是将食物原料放入锅中，加入适量的汤汁或清水、调料，用大火煮开，再用中火或小火煮熟。与前面讲过的焯水很像，一般煮的时间更长。

煮的小技巧

煮是一种很简单，也很健康的烹饪方法，是一定要会的。不过，煮不同的食物，有一些小技巧，你要是知道了，可以帮你事半功倍，还能在爸妈面前露一小手。

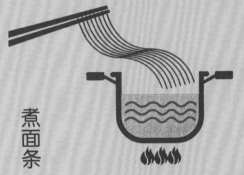

煮面条

不用等水大开再下面条，当锅内的水有小气泡往上冒时就下面，搅动几下，这时千万别离开，火稍关小，盖锅盖煮开，开盖，加适量冷水，再煮开。这样煮的面柔软而且汤清。

煮粥

用电饭锅煮粥很省心，让爸妈根据自家电饭锅的大小告诉你水米的比例及按键操作顺序即可。如果是用煮锅煮，就要小心防止开锅后汤水溢出锅外，可以往锅里滴几滴香油，开锅后把火关小一点儿，这样能有效防外溢。

煮鸡蛋

先将鸡蛋放在冷水里浸湿，再放进热水里煮，蛋壳不会破裂。此外，蛋壳也很容易剥下。

煮肉

要想肉烂得快，可在锅里放几个山楂或几片萝卜。盐不要放得过早，开锅后火不要太大，不要在中途加水，这样煮的肉味美又软烂。

家长评价
○ 基本掌握
○ 熟练操作
○ 晒图分享

牛肉

牛为哺乳动物偶蹄目动物

牛肉有健脾益肾、补气养血、强筋健骨等功效。它的脂肪含量较低，如果你体重超标了，适量食用既可以保持体力，又有利减肥。

脂肪的摄入对儿童是非常重要的，适量的脂肪也是均衡饮食的基本组成部分。正在长身体的你，可别跟着那些天天嚷嚷减肥的人起哄，不吃含脂肪的食物。如果你真的很胖，要到正规医院营养科做咨询，找到适合自己的健康减肥方法。

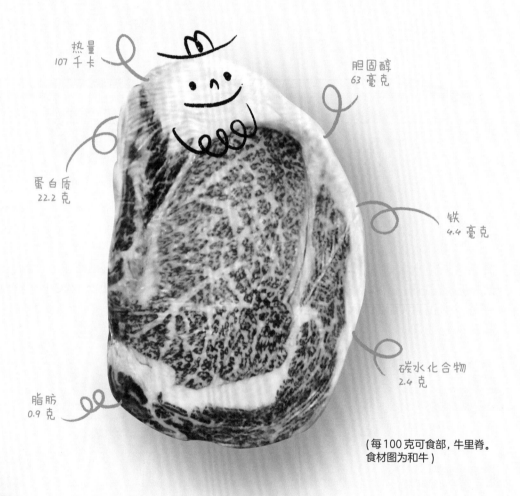

热量
107 千卡

胆固醇
63 毫克

蛋白质
22.2 克

铁
4.4 毫克

脂肪
0.9 克

碳水化合物
2.4 克

(每100克可食部，牛里脊。食材图为和牛)

挑选

● 颜色：选颜色鲜红的，有光泽的，从远处看有点反光。颜色暗淡发黄发灰的不要。

● 味道：有一股淡淡的血腥味和肉的味道，如有其他味道，是不正常的。

● 手感：有弹性，用手按一下可以很快弹起。

储存

牛肉严禁风吹，忽冷忽热，否则易发干变黑，腐败变质。新鲜牛肉裹上保鲜膜直接放入冷藏室保鲜，1~2 天吃完。

自我评价
○ 基本掌握
○ 熟练操作
○ 晒图分享

一起健康吃！ 注意力不集中，记忆力不好，与牛有什么关系

大家可能都知道吃牛肉可以长劲儿，没错！此外，牛肉还富含一种矿物质——铁，有很好的补血作用，是特别建议青少年儿童经常食用的肉类。

所以当你有右边"蓝框里"这些问题时，跟父母说说，别着急数落你，先带你去验血是否缺铁。这个很重要，因为一旦铁缺乏造成贫血，即使补铁后，也难以完全恢复。你也可以问问你妈妈，你还在她肚子里时，每次产检是不是都要验血，其中有一项就是看缺不缺铁，缺的话要及时补，缺铁对胎儿的伤害更大。

铁 这种矿物质可不能缺，否则儿童会贫血，易烦躁，身体发育会受阻，导致体力下降，注意力与记忆力调节过程出现障碍，认知能力受损，学习能力也会降低。

科学小课堂！ 牛！你可真逗，咽下去的草还能再返回嘴里

偶蹄类动物你还知道哪些?

吃牛肉可以长劲儿

是的，一些偶蹄类动物（四肢中有双数着地蹄的动物）在吃饭时，先把粗粗咀嚼后咽下去的食物再返回到嘴里细细咀嚼，然后再咽下去，人们把这种吃法叫作反刍。反刍简单说就是反复地咀嚼，我们人类吃下去的食物只需要消化一次就行了，但是对于牛来说不反刍就会消化不良，它会很难受。反刍的时间通常是在进食后30~60分钟开始。不同种类的牛反刍消耗的时间不太一样。

金针菇
炒肥牛

食材 ● 肥牛片 250 克，金针菇 1 把（约 100 克）。

调料 ● 葱花适量，蚝油 2 勺，盐、白糖各 1 小勺，生抽 1 勺，美极鲜酱油几滴。

用具 ● 平底锅、锅铲、刀、盘子。

扫一扫 看视频

TIPS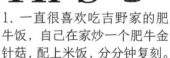

1. 一直很喜欢吃吉野家的肥牛饭，自己在家炒一个肥牛金针菇，配上米饭，分分钟复刻。
2. 葱花替换成洋葱也是可以的。

1 金针菇洗干净，切去蒂，切成段；肥牛片提前解冻好。

2 开火，锅热后倒入成人巴掌大的油量，放入葱花，炒出香味后，放入肥牛片，翻炒至变色。

3 加入金针菇段，转小火继续翻炒至金针菇出水。

4 加入盐、白糖、生抽、蚝油、美极鲜酱油，炒匀，两种食材都易熟。

菜谱!

和牛煎杏鲍菇

食材 ● 和牛 500 克，杏鲍菇 2 个。

调料 ● 葱花适量，烧烤汁 2 勺，料酒、
生抽各 1 勺，黑胡椒碎适量。

用具 ● 烧烤盘、锅铲、刀、保鲜膜、
盘子。

扫一扫 看视频

1 和牛洗净，切成块。

2 倒入料酒、烧烤汁拌
匀，盖上保鲜膜，放入
冰箱，腌制 30 分钟以上；
杏鲍菇洗净，切块。

3 开火，烧烤盘中倒入一
点油，油烧热后放入葱
花炒香。

4 放入牛肉块，煎至
变色。

5 加入杏鲍菇块，倒入
黑胡椒碎、生抽翻炒
均匀。

6 盛出享用吧。

TIPS 🍱

1. 日本和牛是公认的品质上乘的肉牛，其大理石花纹明显，又称"雪花肉"。口感
多汁细嫩，风味独特。

2. 当然，这种牛肉老贵了，你父母肯不肯让你用和牛做菜，考验你们情比金坚的时
刻到了。

3. 如果没有和牛，建议用儿童牛排切成块也是不错的。

煎牛排

食材 ● 儿童牛排1块。

调料 ● 黄油1小块，海盐、黑胡椒酱、黑胡椒碎各适量。

用具 ● 不粘锅、烧烤夹、刀、盘子。

1 牛排用黑胡椒酱腌制入味，给牛排做个SPA（全身按摩）。

2 开火，放上不粘锅，放入一小块黄油加热煎至化开。

3 用烧烤夹将牛排放入，煎2分钟左右至变色，撒海盐、黑胡椒碎。

4 来回翻面，牛排煎的时间根据具体厚度和个人对熟度的要求来掌握。

5 盛出切块享用吧（可用迷迭香装饰）。

扫一扫 看视频

TIPS

1. 儿童牛排通常是合成牛排，并非原切牛排，相对口感软嫩，煎起来比较容易掌握，多煎一会儿少煎一会儿都行，只是别煎煳了。

2. 也可以用照烧酱来代替黑胡椒酱，口感更柔和。

家长评价
○ 基本掌握
○ 熟练操作
○ 晒图分享

羊肉

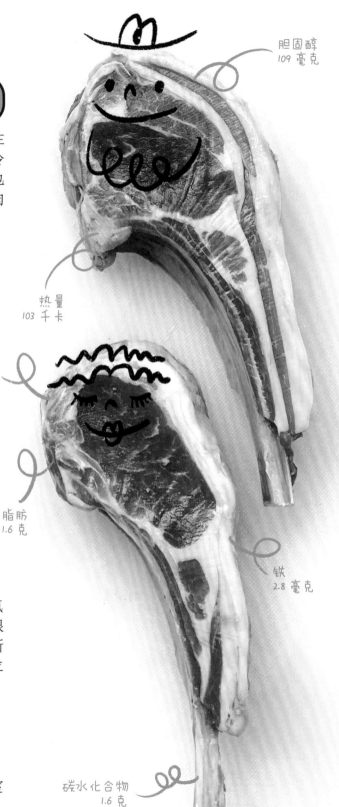

羊为哺乳动物偶蹄目

羊肉美味又健康，特别适合在冬季食用，有很好的抵御寒冷的作用。不过再好吃的食物也要饮食有度，过犹不及。羊肉吃多了容易"上火"。

胆固醇
109 毫克

热量
103 千卡

蛋白质
20.5 克

脂肪
1.6 克

铁
2.8 毫克

挑选

一闻，新鲜羊肉具有正常的气味，较次的肉有一股氨味（很刺鼻难闻）或酸味。二摸，新鲜羊肉有弹性，指压后凹陷立即恢复，肉表面微干或微湿润，不粘手。三看，肉皮无红点，肉有光泽，红色均匀。

储存

新鲜的羊肉可以放冰箱冷藏室储存 1~2 天。如果放冷冻室，最好不要超过 6 个月。

碳水化合物
1.6 克

（每100克可食部，羊里脊。食材图为羊排）

烹饪小课堂 烤

烤是一种烹饪方法，一般是将腌渍入味的原料放入烤具，用明火或暗火等产生的热辐射进行加热的技法总称。烤制的食物表层水分散发，食物的表皮比较松脆，还有焦香的滋味。现在家庭里更常见的是用电烤箱。

日常很推荐同学们用电烤的方式，这种烹饪方式是很健康的。比如烤鸡腿，如果裹上锡纸用电烤箱烤制，比用炒、煎、炸等方式的脂肪含量都低，而且口感和味道也相当不错。用炭火烧烤的食物不建议食用，肉类中的油脂滴到火里除了产生烟，还会产生一种叫苯并芘的致癌物，而且也会引起环境污染。

电烤箱适合烤制的食物

此外，还可以干燥食物，一些没有变质但容易受潮的食物，如瓜子、花生、饼干等，可以用电烤箱重新干燥成刚买时的状态。

烤肉

如羊肉、牛肉丸、猪五花肉、火腿肠、培根、鸡腿、鸡翅、鸡柳、鸡心、鸡排等。

烘焙

如面包、蛋糕、饼干等。

烤海鲜

如鱿鱼、鲜虾、墨鱼仔、大闸蟹、刀鱼、牡蛎、鱼丸、蟹柳、海带等。

使用电烤箱注意事项

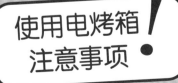

● 放置电烤箱时，不要紧贴着墙壁，至少保持10厘米的距离，便于通风散热。

● 烤完食物后，待烤箱冷却后再进行清洁。

● 在烤制过程中，箱体温度也会很高，不要随便触碰，开箱门时要戴好隔热手套，再取烤好的食物。

烤羊棒骨

食材 ● 羊棒骨1根，洋葱1/4个。

调料 ● 盐、孜然各2小勺，白糖1勺，蜂蜜适量。

用具 ● 烤箱、烤盘、刀、锡纸、隔热手套、刷子、盘子。

扫一扫 看视频

1 将羊棒骨冲洗干净，用清水浸泡1小时去膻味、去血水。如果有泳镜的话戴上，将洋葱切成丝备用。

2 羊棒骨用洋葱丝、盐、孜然、白糖抓匀腌制1小时。

3 用锡纸将腌好的羊棒骨包住，放入烤盘。

4 将烤盘放入烤箱中层，180℃上下火，烤制15分钟。

5 戴好隔热手套，将羊棒骨取出，打开锡纸。表层刷上一层蜂蜜，再撒上一些孜然。

6 再次放回烤箱，烤制5分钟，让羊棒骨表面焦脆入味。

7 戴好隔热手套，取出羊棒骨，开始享用吧。

自我评价
○ 基本掌握
○ 熟练操作
○ 晒图分享

TIPS

1. 总能看到一些海报里的小朋友大口吃肉的表情特别有煽动力。不如自己做这道菜，贴骨肉啃起来太香了。

2. 操作烤箱还是有些难度的，一定要注意安全，戴好隔热手套。尤其是中途取出羊棒骨，打开锡纸刷蜂蜜时，热气也是很烫的，要注意不要被热气烫到。实在不行可以省略这一步，就是表层的焦脆感可能差点意思。

煎法式羊排

食材 ● 法式羊排 6 块。

调料 ● 料酒、黑胡椒酱、迷迭香叶各适量，海盐半小勺，黑胡椒碎少许，橄榄油少许。

用具 ● 煎烤盘、烧烤夹、大碗、刷子、盘子。

扫一扫 看视频

1 羊排洗去血水，用料酒浸泡 10 分钟，取出涂抹黑胡椒酱，放入迷迭香，轻轻按揉入味，腌制 15 分钟。

2 煎烤盘刷上一点橄榄油，用烧烤夹夹住羊排放入煎烤盘中。

3 大火煎 1 分钟翻面继续煎 1 分钟，根据羊排厚度，薄的翻两次就可以出锅了，厚一点的再多翻两次。

4 煎的时候撒少许海盐、黑胡椒碎。

5 盛出享用吧。

法式羊排

中式羊排

TIPS

好的羊排，吃起来完全不膻，简单的料理需要新鲜考究的食材。

家长评价
○ 基本掌握
○ 熟练操作
○ 晒图分享

鸡肉

鸡是一种家禽，起源于野生的原鸡

清代诗人袁枚说："鸡功最巨，诸菜赖之。"
日常生活中，人们把鸡肉作为补身的首选，
将鸡肉列为"禽肉之首""营养之源"。

热量
145 千卡

胆固醇
106 毫克

蛋白质
20.3 克

铁
1.8 毫克

脂肪
6.7 克

碳水化合物
0.9 克

（每 100 克可食部）

挑选

鲜鸡嘴部有光泽，干燥；眼部眼球充满整个眼窝；皮呈淡白色，表面干燥；肉色成玫瑰色，胸肌为白色略带淡玫瑰色，鸡腿肉有些发灰。

储存

用保鲜膜包裹鸡肉，防止串味，再放置冰箱的冷冻室内。一般情况下可保存半年，建议 1 个月内吃完。

油炸食品吃不吃

恐怕没有几位同学不爱吃炸鸡、炸薯条的，但是爸妈们在购买这类食物时往往都相当勉强，因为它们是油炸食品。

油炸食品因为酥脆可口、香气扑鼻，所以特别受青少年儿童的喜爱，但经常食用油炸食品对身体健康确实不太好。

油炸食品属于高热量、高脂肪食物，长期食用易患肥胖症；油炸食品也不太利于消化；油炸要用到较多的油，很多家庭油炸后的油还会再次使用，而外面餐厅、超市销售的油炸食品，油被反复使用的可能性更大，油在高温下反复使用会产生致癌物质。

妈，你确定吃鸡爪、猪蹄不是为了增肥

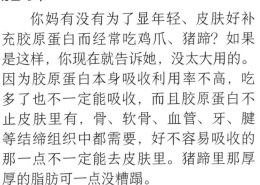

你妈有没有为了显年轻、皮肤好补充胶原蛋白而经常吃鸡爪、猪蹄？如果是这样，你现在就告诉她，没太大用的。因为胶原蛋白本身吸收利用率不高，吃多了也不一定能吸收，而且胶原蛋白不止皮肤里有，骨、软骨、血管、牙、腱等结缔组织中都需要，好不容易吸收的那一点不一定能去皮肤里。猪蹄里那厚厚的脂肪可一点没糟蹋。

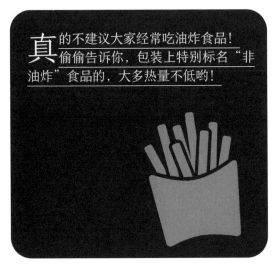

真的不建议大家经常吃油炸食品！偷偷告诉你，包装上特别标名"非油炸"食品的，大多热量不低哟！

菜谱!

照烧鸡腿

食材 ● 鸡腿 2 个。
调料 ● 照烧酱 3 勺，白胡椒粉适量，蜂蜜 2 勺。
用具 ● 空气炸锅、吸油纸、刀、大碗、盘子、刷子。

扫一扫 看视频

1 鸡腿冲洗干净，用刀斜划两下，更容易入味。

2 加入照烧酱、白胡椒粉、蜂蜜。

3 给鸡腿做个 SPA，按揉均匀，放入冰箱冷藏室放置 1 小时，入味。

4 空气炸锅中垫上吸油纸（刷锅时更方便），将鸡腿放入，表面刷上一层蜂蜜。

5 放入炸锅 180℃烤 15 分钟。

6 取出翻面，再烤制 10 分钟即可。

7 盛出享用吧。

TIPS

如果没有空气炸锅，用不粘锅也行。照烧酱加水稀释一下，倒入已经煎至两面金黄的鸡腿上，盖上锅盖，用中小火烧至酱汁冒泡，打开锅盖收汁就行了。

自我评价
○ 基本掌握
○ 熟练操作
○ 晒图分享

可乐鸡翅

食材 ● 鸡翅中 12 个。

调料 ● 可乐 1 瓶，盐 1 小勺，料酒、老抽、生抽各 2 勺，葱花、姜丝各适量。

用具 ● 不粘锅、锅铲、刀、大碗、盘子。

扫一扫 看视频

1 鸡翅中用清水浸泡 1 小时，去腥，换水冲洗干净。用浸泡的方法代替焯烫，比较适合我们小学生来操作。

2 鸡翅中用刀正反各划两刀，或者用牙签戳上小洞，然后用料酒和生抽腌制 15 分钟，这样更易入味。

3 开火，锅烧热，倒入成人巴掌大的油量，放入葱花、姜丝炒香，加入鸡翅中翻炒变色。

4 加入可乐、盐、老抽，转中小火，慢炖收汁。如果没有生抽、老抽，只用酱油也行。

5 大约 20 分钟，观察汤汁变浓稠，能够挂在鸡翅上就可以了。我喜欢用可乐鸡翅的汤汁来拌米饭，所以不建议收得太干。

6 盛出享用吧。

TIPS 🍜

1. 可乐鸡翅绝对是我家的保留项目，有同学来家里做客，属于必点菜品，基本没有同学能够拒绝可乐鸡翅的诱惑。

2. 焯烫后的鸡翅不好腌制，所以建议用浸泡＋腌制的方法来处理生鸡翅，既能去腥又易入味。

3. 汤汁在快要收浓的时候液体收缩的速度比开始快，所以看着差不多的时候火要调小，盯住了。

家长评价
○ 基本掌握
○ 熟练操作
○ 晒图分享

鸡蛋

每天的早餐，你爸妈是不是总会变着花样让你吃鸡蛋？那就好好吃吧！鸡蛋是个宝，几乎含有人体需要的所有营养物质，特别是提供了自然界中最优良的蛋白质。蛋白质是啥，有一句话说明了它的重要性——没有蛋白质就没有生命！

热量
139 千卡

（每100克可食部）

蛋白质
13.1 克

胆固醇
693 毫克

脂肪
8.6 克

碳水化合物
2.4 克

铁
1.6 毫克

硒
13.96 微克

挑选

选鸡蛋壳表面光滑、没有斑点的，有一层白色粉末且没有出现任何裂痕，手摸蛋壳有一种粗糙感的，这样的比较新鲜。

储存

鸡蛋的大头朝上，放入冰箱冷藏室保存，虽然可以保存较长时间，还是建议10天内吃完。如果把生鸡蛋打入碗中，蛋黄有点散、瀌了，说明鸡蛋已经不太新鲜了。

菜谱!

糖醋
荷包蛋

食材 ● 鸡蛋2个。
调料 ● 醋、白糖各2小勺，
生抽、番茄酱各
1勺。
用具 ● 不粘锅、锅铲、
碗、盘子。

扫一扫 看视频

TIPS

1. 如果掌握不好磕蛋的技巧，可以先磕到小碗里，再倒进锅里。
2. 个人感觉煎蛋很容易进油。要想不进油，秘诀就是火要小，锅用不粘锅。

1 先调个酱汁，把醋、白糖、生抽、番茄酱倒入碗中，搅拌均匀。

2 开火，不粘锅烧热了，倒入大概成人巴掌大的油量。

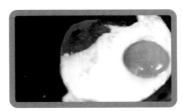

3 把鸡蛋磕到锅里，小火煎鸡蛋，翻面，煎好后盛出。依次把蛋煎好。

4 把煎好的蛋重新倒入锅里，浇上调好的酱汁，稍煎入味即可。

鸡蛋壳的颜色不一样，是它爸妈肤色不同吗

最常见的有白皮鸡蛋和红皮鸡蛋，蛋壳颜色的差别主要源于一种叫作原卟啉（也叫卵卟啉）的色素，这些色素沉积于蛋壳外层，形成了大家看到的鸡蛋颜色。色素分泌的不同让鸡蛋外壳呈现出不同的颜色。合成原卟啉的能力主要是由遗传因素决定的。

蛋壳的颜色是由鸡妈妈的遗传因素影响的哦！

红皮鸡蛋

白皮鸡蛋

两种颜色的鸡蛋在营养价值和口感上相差不大，在新鲜程度差不多的情况下，是不是应该哪种便宜买哪种？！

菜谱!

芝士玉子烧

食材 ● 鸡蛋3个，牛奶
20克，奶酪（芝
士）1片。

调料 ● 白糖1小勺，盐少
许，番茄酱适量。

用具 ● 玉子烧锅、锅铲、
刷子、筷子。

家长评价
○ 基本掌握
○ 熟练操作
○ 晒图分享

扫一扫 看视频

1 鸡蛋磕入碗中，加入
牛奶、白糖、盐，搅打
均匀。

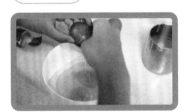

2 开小火（全程），玉
子烧锅里刷一层薄油，
倒入三分之一的蛋液，迅
速摊平。趁蛋液半凝固时，
放入1片奶酪。

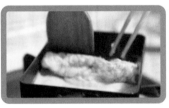

3 利用锅铲和筷子，从玉
子烧锅远端，往锅前端
处卷起，然后将整个蛋卷
再推远。

4 玉子烧锅前端再刷少量
油，倒入三分之一蛋液，
让蛋液跟蛋卷衔接，待蛋
液半凝固时再次卷起。依
上操作，将剩下的蛋液全
部卷好。

5 盛出后，挤上少许番茄
酱，就可以享用了。

TIPS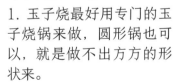

1. 玉子烧最好用专门的玉
子烧锅来做，圆形锅也可
以，就是做不出方方的形
状来。

2. 奶酪也可以替换成香
肠、肉松、秋葵等。

PART3
水产类!

鱼

不管是淡水鱼还是海鱼，其营养成分大体相同，营养价值都很高。建议大家一周至少吃2次鱼。

海鱼

海鱼就是生活在大海里的鱼，常见的有带鱼、黄花鱼、金枪鱼、三文鱼等。海鱼若是放入淡水中会死去，因为海水密度高、压强大，而淡水压强小，海鱼入淡水其身体内部压力超过水压会导致内脏器官爆裂而死亡。

淡水鱼

顾名思义，就是生活在淡水中的鱼，最常见的就是河里、湖里的鱼，严谨一些介绍就是生活在盐度为千分之三的淡水中的鱼类。比如鲤鱼、草鱼、鲫鱼、鲢鱼、巴沙鱼等。

 蒸

蒸是一种健康的烹饪方法，即把经过调味后的食物原料放在器皿中，再放入蒸锅或蒸箱中，利用蒸汽使其成熟的方法。

据说，世界上最早使用蒸汽烹饪的国家就是中国，蒸出来的食物大都有鲜、香、嫩、滑等特点。

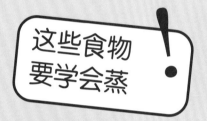

蒸食物时要先等锅内的水煮开再放入，如果水放少了，担心锅要煳了，要加入热水，温度才不会下降。

 蒸馒头

馒头生坯发酵好后，放入水烧开的蒸锅里，每个之间留一些距离，免得蒸好后粘挤在一起，大火蒸约15分钟，关火后别急着打开锅盖，再闷1分钟。打开锅盖时，千万小心别被水蒸气虚到手或胳膊。

鸡蛋磕入碗中，用筷子顺一个方向搅拌均匀，加入与蛋液差不多量的温水，再搅匀，表面会有一些气泡，用勺捞走，有过滤网的可以过滤一下。碗用保鲜膜盖住，用牙签戳一些小孔，水开后放入蒸锅，蒸10~15分钟，再用生抽、香油、葱花调味就行了。

蒸鸡蛋羹

 蒸粽子

超市买来的粽子一般都是熟的，吃的时候要加热，否则糯米类的食物黏性大，凉着吃肚子会不舒服。用蒸的方法最好，水开后放入粽子，蒸5~10分钟。

一般熟的食物凉了需要再加热，蒸的时间不能太短，一两分钟只是表皮热了，里面都还是凉的，比如加热包子、馒头、花卷、玉米等，水开后至少要蒸5分钟才能内外都热了。

清蒸鳕鱼

食材 ● 银鳕鱼1块。
调料 ● 葱段5克，姜片
3克，盐1小勺，
料酒1勺，美极
鲜酱油几滴。
用具 ● 电蒸锅、刀、筷子、
盘子。

扫一扫 看视频

TIPS

像电蒸锅、蒸蛋器这种无
明火、用电加热的厨具，
非常适合初入厨房的同学。

1 银鳕鱼清洗干净，用盐
和料酒抹匀，腌制10
分钟。

2 把葱段、姜片放到鳕鱼
上面。

3 电蒸锅中加水，放入鳕
鱼，蒸10分钟。

4 临出锅前夹出葱姜，
滴入几滴美极鲜酱油
即可。

自我评价
○ 基本掌握
○ 熟练操作
○ 晒图分享

菜谱!

番茄龙利鱼

食材 ● 龙利鱼肉1片，番茄2个。
调料 ● 番茄酱2勺，生抽、料酒各1勺，
　　　　 盐1小勺，白糖2小勺。
用具 ● 平底锅、锅铲、盘子。

扫一扫 看视频

1 番茄洗净，切成大块，不要切到手哦。

2 龙利鱼洗净，切跟番茄大小差不多的块，放入盘子里，加生抽、料酒腌15分钟以上。

3 开火，锅烧热了，倒入大概成人巴掌大的油量。

4 先倒入番茄块翻炒，不想进油，我的秘诀就是油不要烧到太热。

5 加入盐、白糖、番茄酱，将番茄烧软出汁更好吃。

6 倒入龙利鱼块翻炒均匀，翻炒的时候不要翻到锅外面去。

7 直到龙利鱼吸收了番茄的浓汁，完全烧熟就行了。

家长评价
○ 基本掌握
○ 熟练操作
○ 晒图分享

TIPS

1. 番茄酱和番茄沙司是有区别的，番茄沙司里包含一些调料，里面已经有糖和盐了，用时注意尝一下口味，别做得太甜或太咸了。建议购买番茄酱，基本没有其他的食品添加剂，下次去超市挑选时，可以看看它们的配料表就知道区别了。
2. 全程不要加水，番茄的汁水浓厚；龙利鱼肉质鲜美，买冷冻的龙利鱼片没有刺哦！
3. 你以前是不是觉得做鱼比较难，味道又腥。那就做这道吧，用时少、易操作、有营养，酸酸甜甜超好吃。

虾

虾是生活在水里的甲壳类节肢动物

虾的营养丰富，肉质鲜美，容易消化吸收，又没有骨刺，实在是太适合青少年儿童吃啦。

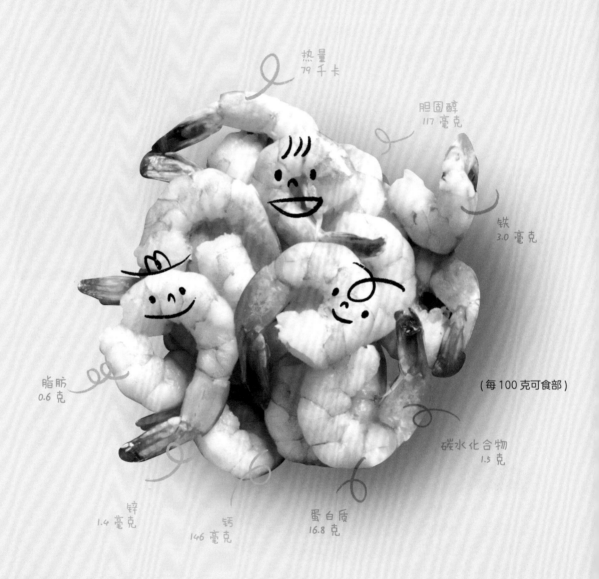

热量
79 千卡

胆固醇
117 毫克

铁
3.0 毫克

脂肪
0.6 克

(每100克可食部)

碳水化合物
1.5 克

锌
1.4 毫克

钙
146 毫克

蛋白质
16.8 克

挑选

挑虾体完整、肌肉紧实、身体有弹性的。如果肉质疏松、颜色泛红、闻之有腥味，是不够新鲜的虾，不宜食用。简单来说，头部与身体连接紧密的，就比较新鲜；反之，若是头与身子一碰就掉下来的，别买了。

储存

建议新鲜的虾买来当天就吃完，为了安全考虑别久存。

自我评价
○ 基本掌握
○ 熟练操作
○ 晒图分享

66

菜谱!

白灼
基围虾

食材 ● 基围虾 20 只。

调料 ● 料酒 2 勺，盐 1 小勺，白糖半小勺，姜丝、葱丝各 5 克，生抽、醋各 1 勺。

用具 ● 汤锅、漏勺、刀、剪子、盘子、碗。

扫一扫 看视频

TIPS

1. 基围虾不用去虾线，虾须不剪也行。

2. 白灼基围虾烹制过程不难，难的在于剥虾。从小都是爸爸妈妈剥给我吃，这个吃的技能还是自行掌握吧。标准剥虾的方法：先从虾的头部开始数，第三节壳的位置开始剥，从虾壳和虾脚之间接缝处入手抠开，沿着虾壳的走向剥下来。然后拽住虾头，轻轻一拉虾尾连着后面的壳就去除了。再把前面两节虾壳去掉就可以了。拿着虾头方便蘸料。

1 将葱丝、姜丝放入碗里，加入生抽、醋、白糖调成味汁。

2 开火，坐锅倒水烧开，烧水的时候可以处理虾。将虾清洗干净，用剪子将虾须剪掉。

3 水烧开后将基围虾倒入，加入料酒、盐，煮 2~3 分钟，虾肉变成红色就可以了。盛出蘸味汁享用吧。

法香奶油虾

食材 ● 虾 12 只。
调料 ● 黄油 40 克，淡奶油 200 克，海盐 1 小勺，法香适量。
用具 ● 平底锅、炒勺。

1 虾洗净，去头、去壳、去虾线，虾尾尖可以留着，好看。

2 锅热后放入黄油化开，加入虾，炒到虾肉变红。

3 加入海盐翻炒均匀。

4 倒入淡奶油翻炒均匀。

5 将法香洗净，撕碎加入即可。

扫一扫 看视频

TIPS

1. 这道菜是我露营聚会的创意菜，灵感来源于托斯卡纳奶油虾。在家用锅操作的话，可以加上蒜末炝锅会更香，法香也可以换成欧芹碎或者罗勒叶碎。总之，是很具有地中海风格的融合菜。
2. 整道菜可能剥虾是最费劲的，但烹制起来很容易，虾容易熟，变红了就赶紧放调料出锅。

菜谱！

虾仁炒黄瓜

食材 ● 海捕大虾仁5个，黄瓜1根，鲜香菇3朵。

调料 ● 盐1小勺，蚝油、生抽各1勺，葱花适量。

用具 ● 平底锅、锅铲、刀、盘子。

扫一扫 看视频

1 黄瓜洗净切片；香菇洗净，去蒂，切片。

2 大虾仁洗净，切丁。

3 开火，加入成人巴掌大的油量，加入葱花，翻炒出香味。

4 将虾仁丁和香菇片放入，炒至变色，加入黄瓜片，翻炒均匀。

5 加入盐、生抽、蚝油，翻炒均匀即可。

TIPS

做这个快手菜好吃的秘诀就是用鲜美的海捕大虾，剥去的虾壳虾脑先别扔，将它们用油煎出虾油，再捞出不要，然后用虾油炒菜，味道特别鲜香。

菜谱!

口蘑
酿滑虾

食材 ● 口蘑 12 个，虾仁
150 克。

调料 ● 盐 1 小勺，料酒
1 勺，姜末、黑
胡椒碎各适量，
橄榄油 2 勺。

用具 ● 不粘锅、刀、锅铲。

1 口蘑洗干净，掰去口
蘑蒂。

2 虾仁洗净，剁成泥，
加料酒剁匀，加入姜
末剁匀。

3 将虾泥装入口蘑的"小
碗"中。

4 开火，将锅烧热，倒
入成人巴掌大的橄榄油
量，放入口蘑，撒适量盐、
黑胡椒碎。

TIPS

虾滑也可以买现成的，不
过很多现成的虾滑都是调
过味的，适量减盐。

5 盖上锅盖，小火焖 5 分
钟，口蘑会出汁水，不
需要额外加水，开盖盛出
即可。

扫一扫 看视频

家长评价
○ 基本掌握
○ 熟练操作
○ 晒图分享

牡蛎

别　名	海蛎子、蚝
科　属	软体动物门双壳纲珍珠贝目

牡蛎是世界上第一大养殖贝类，目前已发现有100多种，全世界濒海各国几乎都有，其总产量在贝类中居首位。中国汉朝时就有插竹养蛎，至今已有2000多年的历史。

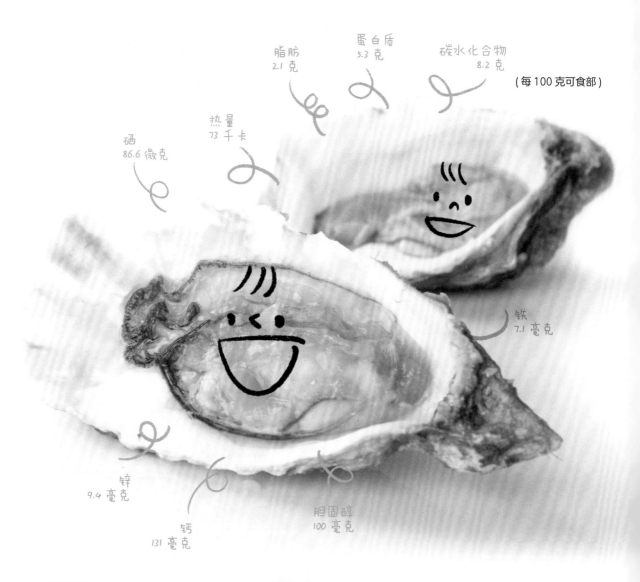

脂肪
2.1 克

蛋白质
5.3 克

碳水化合物
8.2 克

(每100 克可食部)

硒
86.6 微克

热量
73 千卡

铁
7.1 毫克

锌
9.4 毫克

钙
131 毫克

胆固醇
100 毫克

挑选

牡蛎肉挑个头饱满，没有划痕，颜色微黄，边缘韧带呈黑色，有弹性的。

储存

新鲜的牡蛎肉当天吃完最好，实在吃不了的放保鲜袋中密封，放冰箱冷藏两三天，尽快食用。

锌有啥作用

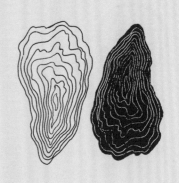

牡蛎可能不是很多人平日经常食用的食物，特别是非沿海地区的人们。特意介绍一道牡蛎的菜，是想跟同学们介绍一种微量元素——锌。锌有啥作用？你就看看如果缺乏锌会怎样吧！

> **!** 生长期儿童缺锌主要表现为：生长迟缓、食欲不振、异食癖、味觉迟钝甚至丧失、伤口不易愈合、易感染等。

> **!** 青少年缺锌还可以导致性成熟延迟、第二性征发育障碍、性功能减退、精子产生过少等症状。

> **!** 锌缺乏还会导致免疫功能下降，引起复发性口腔溃疡、面部痤疮等。

什么食物含锌高呢

贝壳类海产品、红色肉类（特别是牛肉）、动物内脏都是锌的良好来源；干果类、奶酪、虾等也富含锌；蔬菜和水果中含量很低。而牡蛎是含锌食物的冠军。

下面介绍的蚝仔煎是潮汕地区经典传统小吃，做起来简单，还特别好吃。

你就说锌这种矿物质能缺吗？！但是缺锌的情况还挺常见，所以大家日常要经常吃一些富含锌的食物，如牡蛎、猪肝、牛肉等。

蚵仔煎

食材 ● 牡蛎（蚵仔）肉250克，红薯淀粉3勺，鸡蛋3个，青蒜3根。

调料 ● 盐1小勺，胡椒粉半小勺，姜末适量。

用具 ● 不粘锅、刮铲（刮铲能够轻易刮干净蛋液），大碗、盘子、刀。

扫一扫 看视频

1 牡蛎肉冲洗干净，沥干水分；青蒜择洗干净，切碎。

2 将青蒜碎和牡蛎肉盛在一起，拌入姜末去腥。

3 磕入鸡蛋，翻拌均匀，倒入红薯淀粉，翻拌均匀至无干粉。

4 开火，倒入成人巴掌大的油量，将拌好的牡蛎蛋液倒入，用刮铲抹平，煎至牡蛎饼能够在锅里晃动。

5 翻面：如果家里有两个不粘锅，将牡蛎饼倒扣到另一个锅里，帮助翻面。只有一个锅，就直接用刮铲翻面。

6 等蛋液全部凝固，就可以盛出享用了。

TIPS

1. 蚵仔煎是潮汕地区的一道家常菜，蚵仔就是牡蛎，北方也有叫牡蛎煎、蚝烙煎的。

2. 冲洗牡蛎的时候，可以加些淀粉，能够带走泥沙。并且要注意挑走牡蛎肉中残存的牡蛎壳。

3. 最好用红薯淀粉，也有人用红薯淀粉 + 玉米淀粉混合的，尽量不要用其他淀粉替代！

自我评价
○ 基本掌握
○ 熟练操作
○ 晒图分享

PART4
谷薯类！

大米

禾本目禾本科稻属植物的果实

大米一般是长在水里的，就是人们常说的水稻，经脱壳、碾磨等加工程序，成为我们可食用的大米。

全球约有一半的人口以大米为主食。

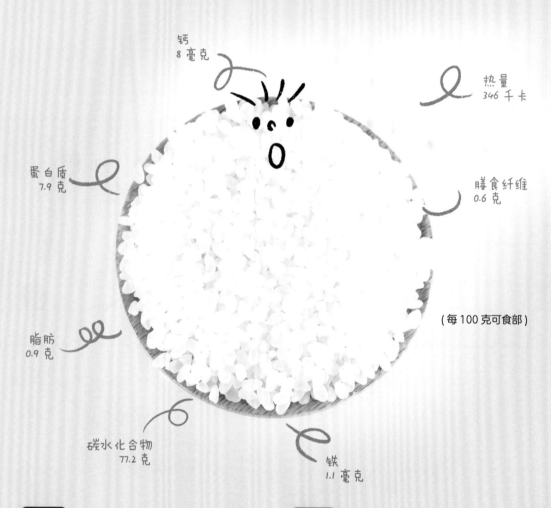

钙
8 毫克

热量
346 千卡

蛋白质
7.9 克

膳食纤维
0.6 克

脂肪
0.9 克

（每 100 克可食部）

碳水化合物
77.2 克

铁
1.1 毫克

挑选

味道闻起来清香，无异味。现在市场销售的更多的是成袋包装的大米，重点看一下生产企业、生产日期。

储存

大米买回家后不适宜存放太久，否则在变色、虫蛀的米中，最容易产生霉菌，霉变的大米千万不要食用。大米适合放在阴凉通风的地方，不要放在阳光下暴晒，这样并不能防止大米发霉生虫。晒过的大米由于干燥，吸湿能力更强，更容易受潮发霉。

一粒米的旅程

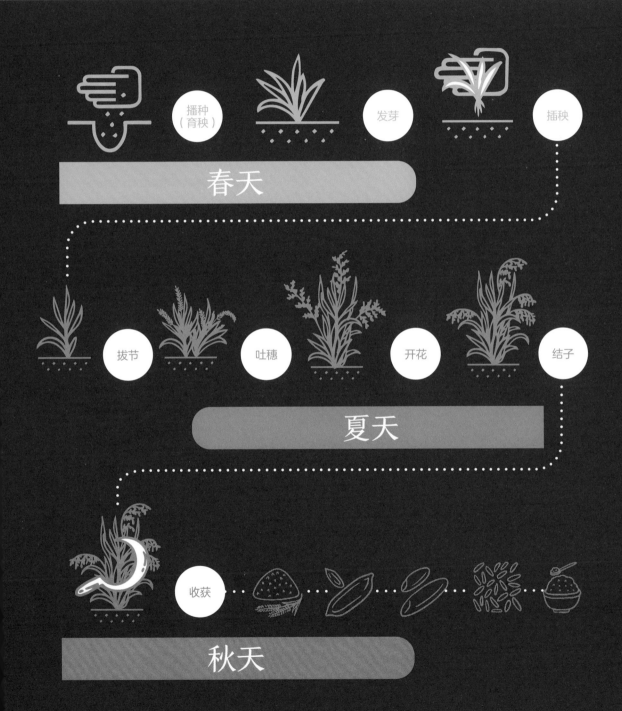

播种（育秧）　发芽　插秧

春天

拔节　吐穗　开花　结子

夏天

收获

秋天

水稻的种植方式一般分为直播和移栽，这里是以移栽的方式简要介绍。

蛋炒饭

食材 ● 米饭 1 碗,鸡蛋 2 个,黄瓜半根,
香肠 1 根,熟玉米粒少许。

调料 ● 葱末适量,盐 1 小勺,美极鲜酱
油几滴。

用具 ● 平底锅、锅铲、刀、勺子、碗。

扫一扫 看视频

1 将香肠切成小丁;黄瓜
洗净切丁。

2 两个鸡蛋磕入碗中,
打散。

3 开火,热锅倒入成人巴
掌大的油量,倒入鸡蛋
液炒熟、炒散,盛出。

4 锅里重新倒油,倒入米
饭、熟玉米粒翻炒均匀,
争取炒到米饭粒粒分开。

5 倒入黄瓜丁和香肠丁,
加盐,翻炒均匀后再倒
入炒好的鸡蛋碎。

6 临出锅前加入灵魂的美
极鲜酱油提鲜即可。

TIPS

1. 要想米饭粒粒分开,用在冰箱冷藏了一夜的剩米饭最好。

2. 一做蛋炒饭我就想到那首歌:"嘿,蛋炒饭,最简单
也最困难,饭要粒粒分开还要粘着蛋。嘿,蛋炒饭,最简
单也最困难,铁锅翻不够快保证砸了招牌。"所以,秘诀
就是快速翻炒到粒粒分开。

自我评价
○ 基本掌握
○ 熟练操作
○ 晒图分享

你是不是喜欢把手插进超市的米箱里

超市看到盛米的箱子，你有没有要把手插进大米的冲动，其实很多人都这样做了。因为米堆类似密度较高的流体，会给人的手带来较大压强，有助于促进静脉血回流，刺激人体的神经末梢，使人产生愉悦感。

不过这种行为虽然自己高兴了，但是很不卫生。如果想过这种瘾，建议把手洗干净擦干了，回家插自家的米箱吧。

还会给人带来安全感和包围感，就像同学们都喜欢把自己扔进海洋球一样。

紫米饭团

食材 ● 紫米 300 克，火腿 50 克，小油
　　　条 2 根，黄瓜 1 段。
调料 ● 千岛酱 1 勺。
用具 ● 电饭煲、平底锅、保鲜膜、刀、
　　　盘子、刷子。

扫一扫 看视频

1 紫米淘洗干净，倒入电
饭煲中，倒水，水面与
米有一个手指节的高度，按
下"蒸饭"键，将饭蒸熟。

2 蒸饭期间，准备馅料。
开火，无须加油，用平
底锅将火腿（切片）和小
油条煎一下；将黄瓜洗净，
切丝。

3 待蒸好的紫米饭稍微凉
一些，以免烫手，铺一
张稍微大些的保鲜膜，将
紫米饭铺平。

4 刷一层千岛酱，放上火
腿片，再加上小油条和
黄瓜丝。

5 用保鲜膜包起来，收口
处转两下收紧。

6 从中间用刀切开，盛盘
后大口享用吧。

TIPS

1. 紫米饭团特别适合同学们外出野餐，带着自己做的饭团便当参加学校的郊游活动，
特别有成就感。
2. 电饭煲已经是现代人最常用的小家电之一，可以集多种功能于一身。电饭煲不光
有煮饭功能，煮粥、炖汤样样精通，甚至还可以做蛋糕。

科学小课堂！ 大米为什么会生虫

　　买来的大米明明很干净，怎么会生虫子呢？这些虫子一般都是米象虫，长度2~3毫米。一个原因是粮食种在地里的时候，就带上了虫卵，即便经过后期的加工，还是会有一些粘在米上，虫卵非常小，长度大约只有0.6毫米，人眼是看不见的。一般温度在20~40℃，湿度在65%~95%，仅一周的时间虫卵就会孵化，从幼虫、蛹到成虫。

　　还有一个原因，家家户户储存大米的器皿不会经常换，有些虫卵就会存在这些器皿中，人们很难完全清除掉，当温度、湿度适宜，又不断有大米的时候，这些虫卵就被孵化出来了。

虫卵

一只雌米象虫最高能产卵约400个，这繁殖能力吓人不？

如何对付小米虫

　　你可以提醒父母，天气热的时候，买大米时悠着点，一次别买太多。买来的大米可以先放冰箱冷冻一周，冻死小米虫。储存大米要选阴凉干燥的地方，可以在大米里放一两个干辣椒，辣椒的气味有助于驱除包括米象虫在内的大多数虫子。

冰箱去虫

辣椒去虫

　　不过也不必过于担心，米象虫一般不携带病毒，只要米没有变质，把虫子淘洗干净，大米还是可以食用的，即便误吃了一两只米象虫也没什么大碍。

菜谱！

日式茶泡饭

食材 ● 米饭 1 小碗，玄米茶 1 包，海苔 2 片，日式梅子 1 颗，熟黑芝麻、木鱼花各适量。

调料 ● 日本酱油（或生抽）少许。

用具 ● 茶壶、热水壶、剪子、汤碗。

扫一扫 看视频

1 将海苔剪成丝。

2 玄米茶用热水泡好，静置 10 分钟。

3 将米饭盛于汤碗中。

4 在米饭上先摆海苔丝，然后是木鱼花、黑芝麻、梅子，再浇上日本酱油。

5 浇上泡好的热茶，没过米饭 2/3 处即可。

6 搅拌均匀享用吧。

TIPS

1. 梅子：日式茶泡饭的灵魂要有盐渍梅子，可以用日本的酵素梅，口感咸甜，有点像苏式话梅。

2. 通常用日式玄米茶，如果没有，也可以用绿茶代替。

3. 茶泡饭制作简单，无须用火。天气热的时候，一碗茶泡饭生津开胃。天冷吃茶泡饭，可以将剩米饭提前加热一下。

科学小课堂 沏杯茶

　　我国茶叶分绿茶、红茶、黄茶、白茶、乌龙茶（青茶）、黑茶六大类。每一种茶的滋味都不一样，有机会都可以尝尝。对于同学们来说，一次别喝太多，茶也不要泡得太浓。

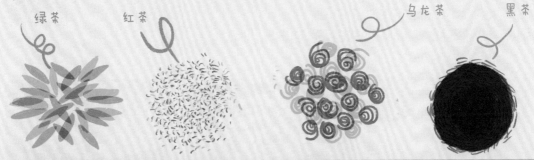

绿茶　　红茶　　　　　乌龙茶　　黑茶

你知道怎么沏茶吗
家里来客人了

　　其实不同的茶在冲泡时，对茶杯、水温等会有一些区别。比如，绿茶适合用80~90℃的水冲泡，宜使用直筒形、厚底耐高温的透明玻璃杯或细腻的白瓷盖碗。红茶宜用95℃的水冲泡。建议用紫砂、白瓷、红釉瓷、暖色瓷的茶具。这些可能过于复杂，感兴趣的同学可以再买些专业茶书了解。

日常沏茶
记住三点

1 茶具要干净。

2 斟茶时应遵循"浅茶满酒""茶满欺人、酒满敬人"等古训，一般倒水时，七成满就行了，寓意"七分茶，三分情"，表示对客人的敬意与友情。如果水倒满茶杯，既不好端，喝着烫嘴，还寓有逐客之意。

3 沏茶时把茶壶上下拉三次沏成，俗称"凤凰三点头"。这是一种传统的行茶礼仪，表示对客人的敬意，同时也表达了对茶的敬意。注意手法不要太快、太猛烈，要柔和。

茶 是世界三大饮品之一，另两种是什么，你知道吗？

85

菜谱！

手抓饭

食材 ● 大米 350 克，羊腿肉 250 克，胡萝卜 1 根，
　　　洋葱半个。
调料 ● 盐 1 小勺，孜然 2 小勺。
用具 ● 平底锅、锅铲、锅盖、刀、电饭煲、碗。

扫一扫 看视频

1 羊腿肉洗净，切 2 厘米见方的块；胡萝卜洗净，切丁；戴上泳镜，将洋葱洗净，切丝。

2 开火，把平底锅烧热，倒入成人巴掌大的油量（用羊油最好），先放洋葱丝爆香。

3 加入羊肉块，翻炒均匀，加入胡萝卜丁，放盐和孜然，翻炒均匀。

4 加 1 小碗水，盖上锅盖，中小火焖 5 分钟，让食材入味，加入淘洗好的大米，翻炒均匀。

5 整锅食材倒入电饭煲，按"蒸饭"键蒸熟，就可以出锅了。

6 稍微凉凉，用手抓着吃是不是更香。记得一定要把手洗干净。

TIPS

1. 我有一个为为叔叔，来自新疆，他做羊肉抓饭都是直接用铁锅。我怕会粘锅，所以把焖饭的工作交给了电饭煲。

2. 好吃的羊肉是不需要加酱油、料酒之类的调料去除所谓膻味的。之所以感觉羊肉膻有两个原因：有的朋友接受不了羊肉，这只是个别现象；再就是羊肉本身不够好，这是主要原因。

3. 为什么要用手抓饭吃呢？用手吃饭是为了近距离体会食物的感觉，而且用手抓饭可以提前了解食物的温度，避免烫着口舌。

家长评价
○ 基本掌握
○ 熟练操作
○ 晒图分享

面粉

由小麦磨成的粉状物，是禾本科小麦属植物

小麦在中国种植区域非常广泛，从南到北、从平原到山区，几乎所有农区无不栽培小麦，种植面积和总产量仅次于水稻，居中国粮食作物第二位。

钙
28 毫克

热量
359 千卡

蛋白质
12.4 克

膳食纤维
0.8 克

（每100 克可食部）

脂肪
1.7 克

碳水化合物
74.1 克

铁
1.4 毫克

挑选

现在面粉大都是袋装的，选购时主要看品牌、生产日期，还有就是承受价格。在你家面粉快没有时，可以跟父母商量："啥也别告诉我，让我买一次面粉！"建议你第一次最多买 5 千克一袋的，再多估计你也扛不动，市场上二三十元价位的居多。生产日期当然越近越好，品牌你参考家里已买过的或跟售货员聊聊。

储存

如何储存面粉你父母都未准那么清楚。我家不常吃面食，老妈曾买过一袋面粉，大约一年后，打开面粉袋子，除了虫子，啥也看不到了。所以第一是少买；第二放干净的密封容器中，少与空气接触；第三放阴凉通风的地方。

绵软的面粉
怎么还有"筋"

这个知识可能稍微有点超纲，即便你不了解也不太影响你制作简单的一日三餐。但是如果你知道面粉分低筋面粉、中筋面粉、高筋面粉，想想你再跟身边人聊面食时，那个专业度是不是直线上升！

面粉是有"筋"的，这个东西从干面粉中是看不到的，但是当你加水和成面团时，就能感受到了。

筋度代表面粉内蛋白质含量的高低：面粉内蛋白质含量越高，面团筋度越高。筋度越大，弹性越强，口感越韧，反之口感越暄软。这不是区别面粉好坏的标准，要根据做的面点的种类来选择。

高筋面粉

蛋白质含量 12.5%~13.5%

面团筋度很高，拉扯不易断，常用来制作具有弹性与嚼感的面包、面条等。在西饼中多用于松饼（千层酥）和奶油空心饼（泡芙）。

中筋面粉

蛋白质含量 9.5%~12%

中筋面粉品名多被标注为：多用途面粉、普通面粉、小麦粉等。日常居家大多买这种面粉，做饺子、馒头等。

低筋面粉

蛋白质含量 9.5% 以下

筋力极低，适合用来制作蛋糕、饼干等西式点心，日常应用范围不广，属于专用面粉。

菜谱!

糊塌子

食材 ● 西葫芦1根，胡萝卜半根，鸡蛋2个，面粉150克。

调料 ● 盐1小勺。

用具 ● 擦子、平底锅、锅铲、碗、盘子、筷子。

1 西葫芦和胡萝卜洗净不用去皮，分别用擦子擦成细丝。

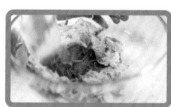

2 将鸡蛋磕入碗中，搅拌均匀。

3 加入面粉、盐继续搅拌均匀至无干粉。

4 平底锅放少许油，晃动锅，让油均匀铺于锅底，油烧热后倒入面糊摊平，全程小火。

5 轻轻晃动平底锅，面饼能晃动后，翻面。我喜欢用两个平底锅，这样可以直接把面饼倒入另一个锅中，保持面饼完整。待两面金黄后就可以出锅了。

扫一扫 看视频

TIPS

1. 吃的时候可以蘸沙拉酱、番茄酱、油醋汁等，最常蘸的是用醋、酱油、蒜末调配的汁。

2. 磕蛋：要磕鸡蛋的中间而不是磕两头。注意这里是磕裂，而不是磕破，这样鸡蛋内的蛋清不会立刻流出来。所以用力要适中，力量大了，鸡蛋碎的部分比较多，容易掉碎壳片。力量太小，鸡蛋壳又不容易掰开。蛋壳磕裂后，要快速地移动到碗口上方，防止万一力量没掌握好蛋清流出来，造成污染和浪费。多数同学第一次磕鸡蛋都磕不好，反复多磕几次就好了。

一团面粉能炸毁一个食品厂吗

面粉看起来"雪白粉嫩"的，但是个性极强。如果面粉悬浮在空气中，粉尘颗粒达到一定浓度时，遇到一个小火花都可能引起爆炸，甚至炸毁建筑物。很危险，别尝试！

面粉富含碳水化合物，碳水化合物是一种可燃物。面粉本身不会爆炸，但是当面粉扬起粉尘，在空气中达到一定浓度时，和家中炉灶明火相遇就会发生爆炸，甚至引发火灾。当然，也不必过于担心，面粉放在袋子里，离灶火远一些，是不会爆炸的。

菜谱！

葱油面

食材 ● 鲜面条 250 克，葱丝 20 克，熟白芝麻适量。
调料 ● 生抽3勺,老抽1勺,白糖1小勺,蒜末10克(约3瓣)。
用具 ● 刀、汤锅、漏勺、平底锅、锅铲、锅盖、碗。

扫一扫 看视频

1 将生抽、老抽、白糖混合均匀调成酱汁。

2 开火，将锅烧热，倒入植物油，油要多一些，放入葱丝和蒜末，炒到有焦感。

3 倒入酱汁，盖上锅盖，小火熬 1 分钟，盛出即为葱油。

4 汤锅倒入清水烧开，水要多一些，宽汤煮面，放入鲜面条，煮面时容易溢锅，不要离开，水沸时可以点两三次凉水。

5 将煮好的面条盛出，过凉水。

6 拌入熬好的葱油，撒上熟白芝麻即可。

TIPS

1. 煮面条时容易溢锅。可以在煮的时候加几滴食用油，也可以在水中加入适量盐，这样，可防止溢锅，煮出来的面条还筋道，不会煮烂。
2. 因为生抽、老抽都是咸的，不用另外放盐。
3. 熬葱油，一定要多放些油,熬好的葱油一次吃不完,可以放进冰箱保存,下一顿再吃。

菜谱!

自制
干脆面

食材 ● 挂面 100 克。

调料 ● 蚝油 4 勺,白糖半勺,
　　　盐、五香粉各半小勺。

用具 ● 空气炸锅、汤锅、碗、
　　　筷子、笊篱、勺子。

扫一扫 看视频

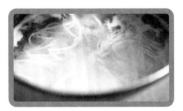

1 在汤锅里倒入半锅水煮开,放入挂面煮 3 分钟左右。挂面放入锅时,用筷子顺时针搅动一下,避免粘锅底。

2 挂面八成熟时(挑出两根咬着稍微有点硬心)捞出。用笊篱最好,如果用筷子,比较短的话,要小心手腕别烫到锅边。

3 把挂面放凉水碗里过凉,再利用笊篱,把碗里的水倒出去,挂面沥干水分备用。

4 取一个小碗,倒入蚝油、白糖、盐、五香粉搅拌均匀制成酱汁。

5 把酱汁倒入挂面中,再倒入植物油,搅拌均匀。

6 把挂面放入空气炸锅中,薄薄铺一层,设置180℃,12 分钟左右,小心开盖,取出放凉即可。

TIPS

1. 我身边没有几个同学不爱吃干脆面的，但是爸妈总说它油多，食品添加剂多，不爱给买。那就试试这个做法吧，健康安全多了。

2. 100克有多少，这个你用电子秤去量吧，多二三十克也行，调料的分量可能也需要尝试几次才能找到最佳口味，建议口味能淡点就淡点。

编辑有话说！

水分是这个"分"字，不要写错啦，还有更容易错的是把"分量"写成"份量"，记住这两个字都是用"分"。

注意隐形盐

一起健康吃！

最新版本的《中国居民膳食指南（2022）》准则5是**"少盐少油，控糖限酒"**，这个恐怕大家都知道，父母、老师可能都会提到，但是做到还是有点难度的。

这里特别提醒大家，少盐不仅要控制看得见的，比如盐、酱油、黄酱等有咸味的调料，还有很多隐形盐也要注意，比如这道菜里用到的挂面，如果家里有挂面，赶紧拿出来看看包装上面的食物成分表，是不是都含有"钠"（盐的主要成分），而且含量还不低。所以不光是你，也别忘了提醒家里其他人，特别是爷爷奶奶，上岁数了有时图省事，经常用挂面做热汤面，并用盐、酱油等调味，有时还就着咸菜吃，这可是很不健康的啊！

菜谱!

饺子

食材 ● 饺子皮、饺子馅各适量（饺子皮和饺子馅属于进阶操作，放在 TIPS 里自行掌握）。

用具 ● 筷子或勺子、篦帘、汤锅、碗、笊篱、盘子。

扫一扫 看视频

1 取一片饺子皮，摊开于一只手掌中，中间放上适量馅料。放馅别太多，容易包不住，等包熟练了再适当增加馅量。

2 将饺子皮先对折，中间简单捏一下，然后顺着一边，将饺子皮捏一下。

3 如果饺子皮太干，或者干粉太多不好捏，可以略涂抹些水增加黏性。

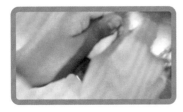

4 将饺子放在虎口位置，用大拇指和食指抵住饺子捏起来的皮，向中心一挤即可成形。捏好的饺子跟手的形状吻合，依次练习。

5 开火，汤锅里加水煮开后，一边用筷子顺时针搅动水，一边下饺子。这样下饺子是为了让饺子随沸水翻滚，不粘底。注意筷子尽量不要戳到饺子。

6 饺子全部下好后，准备一碗凉水，水开后倒凉水，使水不再沸腾，再开再点水，点水3次即可。

7 用笊篱捞出饺子装盘。配上一碗醋汁，享用吧。

TIPS

饺子皮

面粉舀在和面盆里，加一点盐，煮时不易破，少量多次注入清水，边加水边用筷子搅拌，当面粉搅拌成絮状，盆里没干面粉了，就不用倒水了，慢慢揉成表面光滑的面团。盖上保鲜膜或湿布静置20分钟。醒好的面团取出放在面板上，反复按揉，然后取部分面团，从中间抠出个洞，两手食指、中指在洞中上下交替使劲转，使面团变成圆环，从中间掰断，搓揉成长条状。用手揪或用刀切成一个个大小相近的小剂子。按扁，撒上一些面粉防粘。用擀面杖擀成中间略厚、四周较薄的饺子皮。

拌肉馅

选择的肉馅不要太瘦，肥瘦比三七或四六都行，买回的肉馅还要反复剁碎，这是一个挺练臂力的活儿，但剁出来的馅比用绞肉机绞的筋道好吃。拌馅时不是调料越多越好，容易把肉的本味遮住。一般加葱末、姜末、盐、酱油、蚝油、胡椒粉就差不多了。顺着一个方向搅拌。要使馅不干不柴，还要加点水，加葱姜水或花椒水，有去腥增香的作用。搅到筷子能立在肉馅中就行啦，最后再加些油，来封住水分就大功告成了。

煮饺子

如果你和面、擀皮、拌馅都不太灵，煮饺子这最后步骤就必须抢出一步，大声喊出"我来！我来！"除了上页步骤5的下法，还可以水开后，下饺子，用笊篱或者筷子顺一个方向慢慢搅动，防止粘锅。再记住一句："敞锅煮皮，盖锅煮馅"，敞开锅不盖盖煮开，由于水的沸腾作用，饺子不停翻动，皮熟得均匀，不易破裂。皮熟后，再盖锅，温度上升，馅易熟透。同样，守着锅，别走开，防溢锅。

菜谱！

至尊比萨

食材 ● 比萨饼坯 1 张，紫甘蓝、蘑菇、萨拉米香肠、虾仁、迷迭香各适量。
比萨饼坯原料：高筋面粉 70 克，低筋面粉 20 克，盐 1 小勺，干酵母粉 1 克，牛奶 40 克，白糖、橄榄油各 2 小勺。

调料 ● 马苏里拉奶酪、比萨酱（或番茄酱）各适量。

用具 ● 烤箱、擀面杖、面包机（料理机）、吸油纸、烤盘、叉子、隔热手套、刷子。

1 比萨饼坯可以买现成的，也可以像我一样，交给面包机来做。将比萨饼坯原料统统称量丢进面包机或料理机，按下"揉面发酵"键。揉面 30 分钟，发酵 1 小时，就可得到一个完美的比萨饼坯面团。

2 案板上撒些面粉，将面团放上按压，然后用擀面杖擀开成圆形。

3 烤盘垫上吸油纸，放入比萨饼坯，用叉子叉些气孔，防止其在烤制时胀气变形鼓起。

4 紫甘蓝和蘑菇洗净，紫甘蓝切丝，蘑菇切片。

5 饼坯先刷一层比萨酱，撒上紫甘蓝丝、蘑菇片，再撒马苏里拉奶酪。

6 铺上萨拉米香肠片和虾仁，再撒上些马苏里拉奶酪、迷迭香，放入烤箱中层，180℃上下火，烤 20 分钟即可。

TIPS

1. 可以买现成的比萨酱、意面酱、番茄酱。也可以自己熬制，将大蒜、洋葱切碎，用黄油翻炒，加入番茄熬煮，用盐和黑胡椒碎调味就可以了。

2. 比萨料可以随意搭配，顺序基本是比萨酱—蔬菜—马苏里拉奶酪—肉类或海鲜—马苏里拉奶酪。总之，尽量选择水分少的蔬菜，不容易泡塌饼底。

扫一扫 看视频

汉堡包

食材 ● 汉堡坯、鸡蛋各1个，牛肉馅50克，生菜1片，番茄半个，酸黄瓜适量，洋葱30克。

调料 ● 黑胡椒碎少许，料酒1勺，芥末酱适量。

用具 ● 平底锅、刀、碗、筷子。

1 我怕洋葱辣眼睛，就用保鲜膜做了一个面罩（避开口、鼻），可是不管用。

2 于是，我又用上了独门秘技——戴上我的游泳镜。

3 洋葱终于切成丝了，先把它炒香，再放入牛肉馅中，加炒熟的洋葱丝、黑胡椒碎、料酒、鸡蛋搅拌。

4 番茄洗干净，切成片。

5 炒好的馅放凉，制成肉饼状，这又是我的独门秘技了，要反复拍打才有嚼劲。

6 记住这个公式：烤好的汉堡坯 + 煎好的肉饼 + 生菜 + 番茄片 + 酸黄瓜 + 芥末酱 = 巨无霸汉堡包！

TIPS

煎肉饼真不容易。肉饼厚了不好熟，火大了会煳，翻面力量大了会破坏形状。一定要格外小心。

扫一扫 看视频

家长评价
○ 基本掌握
○ 熟练操作
○ 晒图分享

马铃薯

别　　名	土豆、山药蛋、洋芋、洋番芋、薯仔
科　　属	茄科茄属植物
收获时间	5~7 月

马铃薯原产南美洲，16 世纪引入欧洲。传入中国的时间不长，具体确切时间有待考证，有说是在明末出现最早的记载。

维生素 C
14 毫克

钾
347 毫克

热量
81 千卡

蛋白质
2.6 克

脂肪
0.2 克

碳水化合物
17.8 克

膳食纤维
1.1 克

（每 100 克可食部）

挑选

马铃薯发芽或皮色变红变青，就不要买了，这是不能吃的，以防食物中毒。

储存

马铃薯相对其他叶类菜来说，可储存更长的时间。可以与苹果放在一起，能抑制马铃薯发芽，熟的香蕉也有这种效果。

自我评价
○ 基本掌握
○ 熟练操作
○ 晒图分享

空气炸锅薯条

食材 ● 马铃薯1个（约300克）。
调料 ● 盐1小勺，黑胡椒粉、番茄沙司各适量，橄榄油2勺。
用具 ● 空气炸锅、刮皮刀、刀、盘子、碗。

扫一扫 看视频

1 马铃薯用刮皮刀刮去外皮，清洗干净。

2 将马铃薯切成条，可以切粗点。

3 切好的薯条放入盐、黑胡椒粉搅拌均匀，倒入橄榄油拌匀。

4 将薯条放到空气炸锅中，180℃炸15分钟。

5 抽出炸锅翻动一下薯条，继续炸5分钟就好了。

6 挤上番茄沙司，尽情享用吧。

TIPS

1. 有哪位同学不爱吃炸薯条的吗？但爸妈总说它是垃圾食品。自从有了空气炸锅，炸薯条自由了。

2. 冷冻的薯条也可以做，缩短炸制的时间，12分钟就好了。

3. 之前看了好多方子，马铃薯又要煮又要冷冻的，亲测了一下，用生马铃薯真的没问题，非常成功。

4. 薯条趁热吃，外脆里软，比较好吃。如果回潮变软、变凉了也没关系，复炸几分钟就行，不过我通常一口气就吃完了。不过马铃薯也属于粮食，所以再吃米饭、馒头等主食时，减点分量。

家长评价
○ 基本掌握
○ 熟练操作
○ 晒图分享

红薯

别　　名	白薯、甘薯、地瓜
科　　属	旋花科番薯属植物
收获时间	10~11月

红薯原产于美洲。传说哥伦布将它带到西班牙，然后传到非洲与南亚岛国。最早传进中国约在明朝后期的万历年间。

注意不要生吃红薯，容易引起腹胀；空腹一次也不可食用过多。

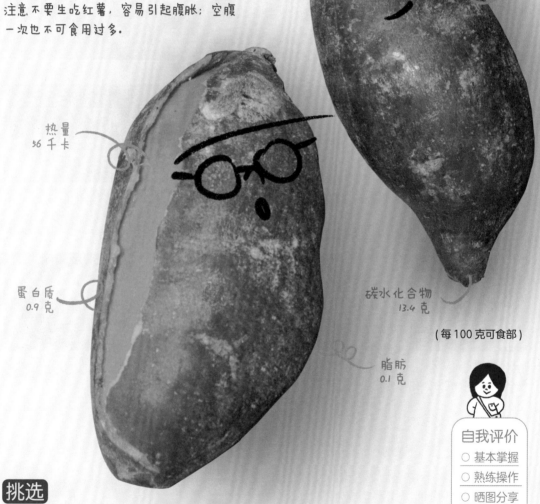

维生素C
13毫克

膳食纤维
0.8克

热量
56千卡

蛋白质
0.9克

碳水化合物
13.4克

脂肪
0.1克

（每100克可食部）

挑选

瘦瘦细长的红薯相比圆润短胖的更甜。挑选那些摸起来表面泥土比较干的红薯，因为经过一段时间晾晒后的红薯水分会减少，糖的浓度就会变高，吃起来会比较甜。但是放的时间也别太长，表皮出现褶皱的就别买了。

储存

表面有黑点或者是磨破皮的，不利于储存。红薯买回来先在阳光下晒一天。然后放纸箱里，箱子上边戳几个洞，上边盖几层报纸，放阴凉通风处储存。

微波烤红薯

食材 ● 红薯3个。
用具 ● 微波炉、厨房纸。

扫一扫 看视频

1 红薯清洗干净，用厨房纸将红薯包裹，然后用水将表面打湿。

2 将红薯放入微波炉中，选用高火，根据红薯大小加热5~10分钟，翻个面再加热5分钟，可以用筷子戳一下试试成熟度。

3 取出凉凉，去掉厨房纸，掰开享用。

TIPS

用微波炉比用蒸锅和烤箱都省时。喜欢焦糖感的，可以根据自己家微波炉的性能及红薯的大小，多加热一两分钟。

玉米

别　　名	苞谷、苞米棒子、玉蜀黍、玉茭、玉麦、珍珠米
科　　属	禾本科玉蜀黍属
收获时间	9~10月

原产于南美洲，现在全世界热带和温带地区广泛种植。第一次传入中国的年代和途径尚无明确结论，根据对中国农学遗产的初步研究，玉米引入中国的时间大约在 16 世纪。

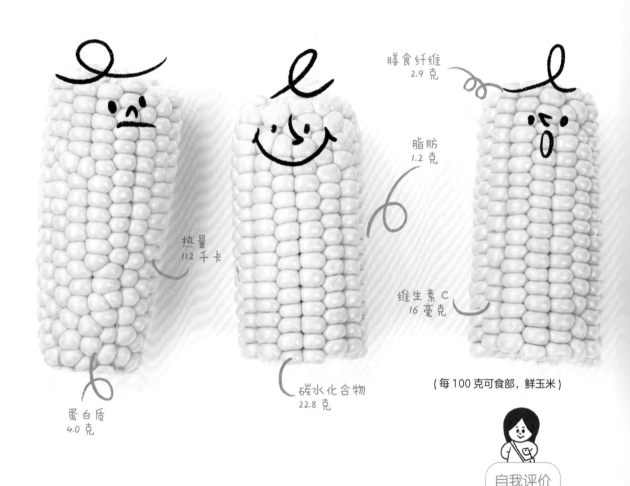

膳食纤维
2.9 克

脂肪
1.2 克

维生素 C
16 毫克

热量
112 千卡

碳水化合物
22.8 克

蛋白质
4.0 克

(每 100 克可食部，鲜玉米)

挑选

带皮的玉米要挑表皮新鲜，也就是颜色比较绿，摸着有些湿润，没有长虫眼，玉米皮紧紧地包裹在一起的。闻上去是清香的，没有酸味。玉米须要完整，几乎没有脱落，如果玉米须特别绿，不建议购买，还没长熟。

储存

新鲜玉米不用去皮、清洗，用保鲜膜将它裹紧，然后装入塑料袋中，放冰箱冷冻室冷冻，能存很长时间。

菜谱!

松仁玉米

食材 ● 玉米粒 400 克，松仁 20 克，胡萝卜半根，黄瓜 1/4 根（也可用豌豆代替）。

调料 ● 盐1小勺,白糖2小勺,淀粉1勺。

用具 ● 炒锅、刀、筷子、勺子、盘子。

1 先将胡萝卜、黄瓜洗干净，黄瓜去心切丁，胡萝卜切丁。

2 开火，锅热后，放少许油，先将胡萝卜丁炒半熟，加入黄瓜丁炒1分钟。

3 玉米粒去水后，放入锅中翻炒。

4 加入盐、白糖翻炒2分钟，淀粉加凉水调成水淀粉，出锅前倒入锅中。

5 撒上松仁，翻炒匀。松仁玉米大功告成。

扫一扫 看视频

TIPS 🍜

加入水淀粉可以使成菜后比较黏稠、出汤少。刚开始有可能掌握不好淀粉与水的比例，大概 1 勺淀粉倒 3~4 勺水，调完后，基本还是水的状态，而不是很稠呈糊状。

家长评价

○ 基本掌握
○ 熟练操作
○ 晒图分享

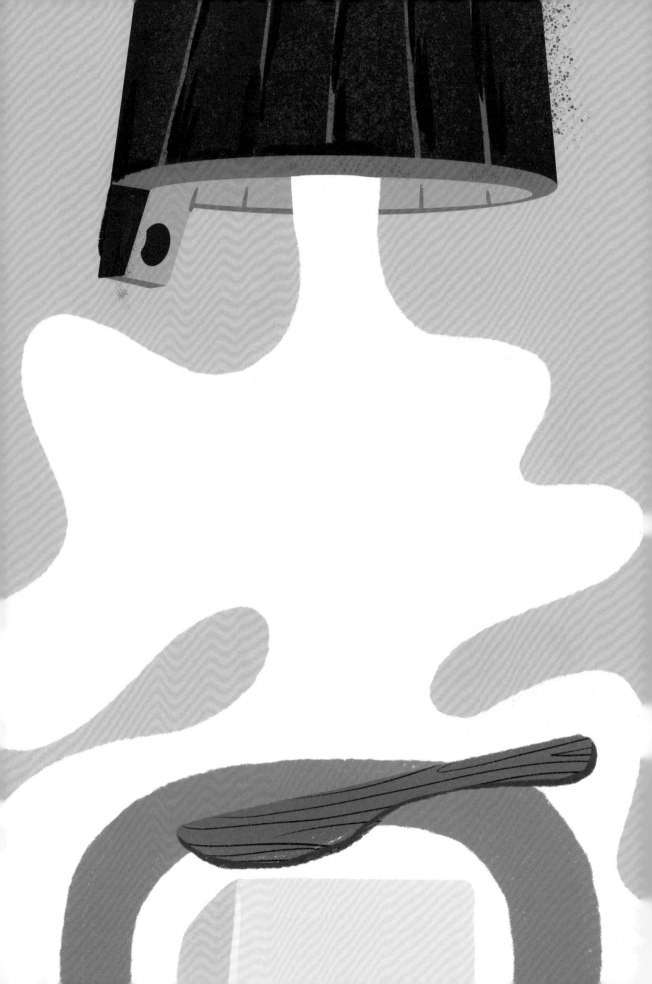

PART5

烘焙
零食

烘焙常用配料和工具介绍

刚接触烘焙的人，任何一种稀松平常的基础原料都能让人犯迷糊。别说琳琅满目的粉类、乳制品，就是小小的糖，都足够让人犯晕的。别急，先从书中用到的材料慢慢去认识它们吧，观察它们在烘焙过程中引发的神奇变化、带来的奇妙结果，一定能让你感受到烘焙的乐趣。

粉类

可可粉

可可豆去除其中的可可脂后，将剩余部分磨成粉，热量要比巧克力块低。

泡打粉

可使面团和面糊膨胀，让糕点产生膨松的口感。建议购买无铝泡打粉。

面粉

低筋面粉、中筋面粉、高筋面粉请见前文 89 页的介绍。

玉米淀粉

含有少量脂肪和蛋白质等，吸湿性强。

乳脂类

植物油

植物油就是各种常见的植物性油脂。烘焙中应用植物油有一个原则，那就是必须是无味的植物油。太浓郁的植物油，比如花生油，就不适合烘焙，容易掩盖糕点的天然清香味道。在烘焙中应用比较广泛的植物油有玉米油、橄榄油等。

黄油

黄油属动物性油脂，是从鲜奶中脂肪含量最丰富的一层中提炼出来的，分为有盐和无盐两种。如果配方中黄油含量不多，使用有盐或者无盐均可，例如大多数的面包。若黄油分量使用较多，最好用无盐黄油，才不会影响成品的风味。另外，打发的黄油还可当作膨松剂来用，让面糊体积膨松，口感更酥，因此很多减油的方子口感会受到影响。

淡奶油

淡奶油又叫作鲜奶油、稀奶油，英文是 Cream，音译为"忌廉"。动物性淡奶油从鲜奶中提炼而来，打发时需加入糖才会有甜味。需冷藏保存，开口处保持干净并密封，可保存20～30天。千万不要冷冻，冷冻会出现水油分离的情况，从而造成无法打发。

糖

糖是烘焙中不可或缺的原料，发挥着极为重要的作用。它不仅是甜味剂，还能引发很多神奇的变化。首先，糖具有吸水性，不仅可以改变口感，还可以增加湿度，所以在减少配方中的糖时，也要适当提高烘烤温度或者延长烘烤时间。其次糖是天然的防腐剂，含糖量越高的配方，保质期越长。另外，糖具有焦化的作用，含糖越多，烘烤时越容易上色。糖还可以使蛋白泡沫更稳定。

蜂蜜

甜味材料，颜色较深的天然甜味剂。比一般糖更容易上色，使成品呈现金黄色。

糖粉

糖粉是磨成粉末状的砂糖，同时含有3%～10%的淀粉混合物（玉米粉）。具有防潮及防止颗粒黏结的作用。它的颗粒细小，很容易与面糊融合，对油脂有很好的乳化作用，能产生均匀的组织。在饼干制作中能起到定形的作用。

奶油奶酪

英文名字是 Cream Cheese，是用鲜奶油发酵而成的一种未成熟的全脂奶酪，色泽奶白、质地细腻、清香酸爽，是制作奶酪蛋糕的重要原料。也是现在市面上火爆的蛋糕品种之一，价格也是相对不菲。

细砂糖

细砂糖属于蔗糖，由甘蔗加工制成。因其颗粒小，好溶解，大部分烘焙食品中都会使用细砂糖。细砂糖在饼干的制作中不仅能调味，更能起到膨松的作用。

工具！烘焙不同于中餐，中餐的烹饪中一锅一铲就能变换出无数美味的料理。而烘焙的制作，很多时候都是一种工具只能制作一种产品。所以，烘焙的工具同原料一样，也是琳琅满目，所以有了"一入烘焙深似海"的说法。

烤箱

分大型烤箱和中小型烤箱，箱体越大，烘焙过程中受热越均匀。最基本的要求，烤箱门有隔热胶圈，能够紧密闭合，不让热量散失。本书用的烤箱是家庭内嵌式烤箱，基本都是上下火选用相同的温度。

烤盘、烤网

这两种工具一般在购买烤箱时都会配备。大部分的面包、饼干、蛋糕都需要在烤盘上进行烘焙。烤盘最好配备两个，比如饼干通常一个烤盘是烤不下的。烤网不仅可以用来烤鸡翅、肉串等，还可以用作面包、蛋糕的冷却架。

手动打蛋器

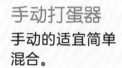

手动的适宜简单混合。

搅拌用盆

20厘米直径中盆最好准备两三个。不锈钢或者玻璃材质均可，盆底需呈圆弧形才适宜操作，搅打时不会有死角。

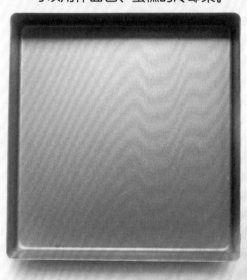

过滤筛网

制作蛋糕时，为了得到质地均匀的成品，粉类过筛还是比较重要的。另外，也可以用于烘焙成品的筛粉装饰。

硅胶刮刀

用于混合翻拌面糊材料，也可将搅拌盆中的材料刮取干净。

方形刮板

用于切割面团或者将粘在桌上的面团铲起，也可以用于切拌、混合奶油与面粉。最好选择底部两端呈圆角状的，方便沿搅拌盆底将材料均匀地刮起。平的一面可以当作面团切板或在抹平蛋糕、面糊时使用。

硅胶刷

常用于表面刷涂蛋液以及刷去多余粉类。硅胶材质的最好，易清洁，易保存。

分蛋器

能够将蛋黄和蛋清分开，适合初学者使用。

隔热手套

在烘焙过程中，烤箱温度经常会达到 200℃以上。所以同学们在拿取烤盘的过程中，一定要戴好隔热手套，防止烫伤。

吸油纸

吸油纸是加工纸的一种。具有耐高温、耐折、防油、防水的性能，常用于防粘。

各种烤模

如 6 吋圆模、方形烤模、蛋糕卷模具等。

电动打蛋器

电动的适合打发类工作，例如蛋清、奶油、全蛋液等，但也仅限于液体。像搅拌面团这种工作还是留给厨房料理机或者面包机吧，用打蛋器是不行的。

厨房秤

分为微量秤和普通秤，微量秤可称量到 0.1 克，普通秤可称量到 1 克。称量时，别忘记扣除盛装容器的重量。

料理机

集打豆浆、磨干粉、榨果汁、打肉馅、刨冰等功能于一身，用于制作果汁、豆浆、果酱、干粉、刨冰、肉馅等多种食品的家用电器。

菜谱!

巧克力曲奇饼干

配料 ● 低筋面粉、玉米淀粉各 100 克，可可粉 20 克，鸡蛋液 60 克（1 大个儿鸡蛋），糖粉 60 克，盐 1 克，无盐黄油 80 克，耐烤巧克力豆 40 克。

用具 ● 烤箱、厨房秤、吸油纸、刮刀、手动打蛋器、网筛、隔热手套、保鲜膜、碗、烤盘。

分量 ● 30 片左右。

扫一扫 看视频

1 黄油室温软化；低筋面粉、玉米淀粉、可可粉、盐混合。

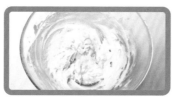

2 软化好的黄油用打蛋器搅打至颜色发白，体积微微膨胀，无须打发。

3 将糖粉加入黄油中搅打均匀。

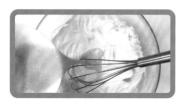

4 将鸡蛋液分 3 次加入黄油中，每次都搅打均匀，避免水油分离。

5 将混合粉筛入黄油蛋液中，用刮刀翻拌均匀至无干粉。

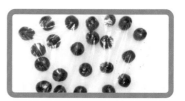

6 取面团一小部分揉成约 15 克一个的小面团，搓圆。

7 将耐烤巧克力豆均匀撒在按扁的小面团上。

8 将面饼放入铺好吸油纸的烤盘中，170℃三维热风预热烤箱 10 分钟，烤盘放入中层，烤 18 分钟即可。

自我评价

○ 基本掌握

○ 熟练操作

○ 晒图分享

TIPS

1. 将巧克力豆散开按压会比较自然，人工往上摆豆一来很慢，二来呆板。
2. 本方的油糖已经减至最少，再少就影响口感了。

松饼

配料 ● 鸡蛋2个,低筋面粉100克,细砂糖27克,蜂蜜10克,盐1克,牛奶30克,玉米油10克。

用具 ● 不粘锅、厨房秤、分蛋器、手动打蛋器、电动打蛋器、搅拌盆、网筛、碗、大勺、锅铲。

扫一扫 看视频

1 用分蛋器将鸡蛋清与蛋黄分开,分别放入无油无水的容器中。

2 鸡蛋黄中加入牛奶、蜂蜜、玉米油、盐打匀。

3 蛋黄液中筛入低筋面粉。

4 在鸡蛋清中加入细砂糖,打发至呈大弯钩状制成蛋白霜。

5 将蛋白霜与蛋黄液混合翻拌均匀。

6 开小火,放不粘锅,大勺舀一勺面糊,倒面糊时勺子不要动,定在一点上,面糊自然摊开成一个圆形。

7 面糊开始慢慢膨胀,出现密集的小气泡,随着热度增加,气泡会慢慢胀大并破裂,表示可以翻面了。

8 翻面后略煎就可以铲出(可趁热放上一块黄油或者奶酪,再浇上蜂蜜食用)。

TIPS

准备一块湿抹布,每次下面糊前,端起不粘锅放湿抹布上降一下温。这样做是防止锅太热,面糊下去的时候受热太快,导致饼皮受热不均、上色过度。

巴斯克芝士蛋糕

配料 ● 奶油奶酪（芝士）250克，细砂糖60克，鸡蛋2个，
淡奶油120克。

用具 ● 烤箱、6寸圆模、吸油纸、厨房秤、电动打蛋器、刮刀、
隔热手套、搅拌用盆。

扫一扫 看视频

1 奶油奶酪提前30分钟从冰箱拿出来软化，注意是软化，不是化开。软化到手指能轻松戳按的程度就可以了。

2 奶油奶酪中加入细砂糖，用电动打蛋器搅打均匀。

3 分2次加入鸡蛋，每次都搅打均匀。

4 加入淡奶油，搅打均匀。

5 6寸圆模中垫上吸油纸，可沾点水，吸油纸更贴合。

6 将拌好的蛋糕糊倒入圆模中。

7 放入烤箱中层，200℃上下火，烤制12~15分钟。

8 戴好隔热手套将蛋糕出炉，室温凉凉后放入冰箱冷藏过夜后食用。

TIPS

1. 巴斯克芝士蛋糕来源于著名的美食圣地，法国与西班牙交界的一个地区：巴斯克。这款蛋糕外表焦黑、内里绵密顺滑，有非常浓郁的芝士味，入口即化。因原料上乘，所以各个品牌售卖均价格不菲，自己动手试试吧！

2. 巴斯克芝士蛋糕其实是一款半熟重芝士蛋糕，刚出炉的巴斯克芝士蛋糕软软的，能抖动，冷藏是凝固的过程，所以必须冷藏过夜后食用！如果冷却后中间凹陷，那就说明烤过了。

3. 具体烘烤温度和时间请根据自家的烤箱进行调整，表面上色满意即可，烤的时候人不要走开，一定要看着！喜欢巴斯克表层焦黑效果的可以放中上层烤。

4. 蛋糕出炉时温度较高，小心热气，一定要戴好隔热手套再触碰烤盘。

花生酥

配料 ● 花生米、低筋面粉各 200 克，植物油 120 克，糖粉 100 克，蛋黄液适量。

用具 ● 烤箱、料理机、厨房秤、量勺、搅拌盆、吸油纸、刮刀、隔热手套。

扫一扫 看视频

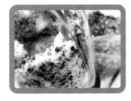

1 花生米用料理机打碎，倒入搅拌盆中。留下一些整粒的做装饰。

2 花生碎中倒入糖粉及低筋面粉。

3 倒入植物油。

4 将以上材料用刮刀混合翻拌均匀制成面团。

5 用量勺量取花生面团，每个约 15 克。将小面团揉成球，放在铺了吸油纸的烤盘上按压成小饼。

6 小饼上面放置半颗装饰用的花生米，然后刷上蛋黄液。

7 将烤盘放入 150℃上下火预热好的烤箱中层，烤制 15 分钟。

8 戴好隔热手套取出烤盘，花生酥凉凉后就是酥酥的口感了。

TIPS

1. 打碎花生米时，不喜欢红衣的也可以去皮，成品口感更细腻一些。

2. 加上糖球小眼睛，可爱感倍增。

豆沙一口酥

配料 ● 低筋面粉 200 克，无盐黄油 100 克，糖粉 40 克，鸡蛋 1 个，豆沙馅、黑芝麻各适量。

用具 ● 烤箱、烤盘、电动打蛋器、厨房秤、吸油纸、刮刀、刮板、硅胶刷、保鲜膜、网筛。

1 无盐黄油提前在室温下软化成膏状（注意是膏状而不是液体）。黄油一定要自然软化。

2 无盐黄油中加入糖粉。如果豆沙馅太甜，可以适量减糖。糖能起到疏松口感的作用，也不要减太多。

3 用电动打蛋器把黄油打至发白略膨松，分 2 次加入鸡蛋，打至与黄油完全融合。

4 筛入低筋面粉，揉匀成面团。

5 把面团擀成厚约 3 毫米的薄片，铺上保鲜膜，平整干净好操作。

6 中间加上揉成条的豆沙馅，再把面团整形成长圆柱条。

7 卷好后冷冻半小时更容易切，用刮板切成一口大小。

8 摆放到铺好吸油纸的烤盘上。刷 2 遍蛋黄液（配料分量外），这样成品更好看，再撒上黑芝麻。

9 放入提前预热好的烤箱中层，180℃上下火烤 20 分钟。取出，趁热吃口感最佳。

扫一扫 看视频

菜谱！

可可奶冻

配料 ● 牛奶300克,糖粉40克,玉米淀粉12克,吉利丁片、可可粉各15克。

用具 ● 奶锅、厨房秤、模具、网筛、手动打蛋器、刮刀。

扫一扫 看视频

1 吉利丁片提前用冷水泡软。一定要用冷水,吉利丁片遇热水会化。

2 奶锅中倒入牛奶。

3 将糖粉、玉米淀粉和可可粉筛入牛奶中。

4 用手动打蛋器搅拌均匀,小火加热至冒热气。

5 放入泡软的吉利丁片,搅拌化开。

6 倒入干净模具中,冰箱冷藏5小时,急着吃的话放冷冻层冷冻40分钟。

7 脱模,切块,撒上可可粉即可。

TIPS

1. 放入牛奶中,就是一杯好喝的可可冻奶茶。

2. 倒入布丁模具中,就是一杯好吃的可可布丁。

红豆双皮奶

配料 ● 鸡蛋 2 个，牛奶 250 克，白砂糖 15 克，
　　　蜜红豆适量。

用具 ● 分蛋器、奶锅、打蛋盆、手动打蛋器、
　　　电蒸锅（蒸蛋器）、保鲜膜、碗。

1 牛奶倒入奶锅中，煮到锅边的牛奶有点冒泡，关火。

2 牛奶倒入碗中，静置片刻，待奶皮出来。

3 用分蛋器将 2 个鸡蛋清分出。

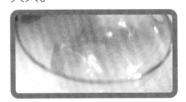

4 蛋清中加入白砂糖搅拌均匀。不用很大力，轻轻搅匀即可。

5 轻轻将牛奶倒入蛋清中。

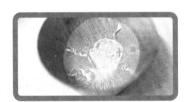

6 奶皮留在碗底，这就是双皮奶的双皮。

7 将牛奶与蛋清混合搅打均匀后，倒回碗中。

8 包上保鲜膜，用电蒸锅（蒸蛋器）蒸 10 分钟。

9 撒上蜜红豆即可。冷吃、热吃均可。

TIPS

双皮奶讲究滑，蛋清越多双皮奶越硬。按比例计算，
100 克奶加入 20 克鸡蛋清最合适。

扫一扫 看视频

麋鹿棒棒糖

配料 ● 棉花糖6个，碱圈饼干6块，
　　　碱棍饼干6根，糖豆眼珠12个，
　　　黑巧克力、白巧克力各适量。

用具 ● 刀。

1 将碱棍饼干插在棉花糖上。

2 将碱圈饼干对半切开，小心保持鹿角的形状。

3 黑巧克力加热化开，然后均匀裹在棉花糖上，裹两遍更厚实，等待黑巧克力凝固。

4 碱圈饼干根部蘸黑巧克力液，然后将棉花棒棒糖轻轻放上去，凝固定形。

5 将化开的黑巧克力粘上糖豆眼珠。

6 再将白巧克力化开，点上鼻子就做好了，放置晾干即可。

TIPS

圣诞节的时候，装饰氛围的小甜品就是它了。

扫一扫 看视频

家长评价
○ 基本掌握
○ 熟练操作
○ 晒图分享

附录
一日三餐
巧安排

营养的早餐

食物种类推荐

谷薯类

蔬果

动物性食物

奶、豆、坚果类

一定要记住的事：每天都要吃！
定时定量，别暴饮暴食！

建议时间	6:30~8:30
用餐过程	15~20 分钟

三餐如何吃，是冯翰飞妈妈根据中国营养学会最新发布的《中国居民膳食指南（2022）》编写的。

下面这些只是我日常的一部分三餐搭配，同学们看看我搭配的有没有问题，也期待你更棒的早餐魔法，每天玩一玩三餐搭配游戏，给自己还有家人配出好吃又营养的一天三顿饭吧！

来玩早餐搭配游戏

牛奶

圣女果

牛奶

鸡蛋饭团

（鸡蛋饭团 + 圣女果 + 牛奶）

海苔碎蒸蛋羹

甜豆浆

坚果

石头饼

（石头饼 + 海苔碎蒸蛋羹 + 牛奶）

窝蛋馄饨

（窝蛋馄饨 + 坚果 + 甜豆浆）

丰盛的午餐

午餐这样吃！

建议时间	11:30~13:30
用餐过程	20~30 分钟

食物种类推荐

2~3 种
蔬菜

主食
粗细搭配

一定要记住的事：
细嚼慢咽享受食物.
尽量吃完，不浪费食物.

1 份
水果

1 种
豆制品

1~2 种
动物性
食物

来玩午餐搭配游戏

卤肉饭

莲藕排骨汤

烧菜花

上汤娃娃菜

（卤肉饭 + 上汤娃娃菜 + 烧菜花）

培根卷秋葵

金银炒馒头丁

（金银炒馒头丁 + 培根卷秋葵 + 莲藕排骨汤）

紫米汁

清炒西蓝花

可乐鸡翅

烧豆腐盖饭

（烧豆腐盖饭 + 清炒西蓝花 + 可乐鸡翅 + 紫米汁）

清淡的晚餐

晚餐这样吃!

建议时间 用餐过程	18:00~20:00 20~30分钟

食物种类推荐

2~3种蔬菜

富含膳食纤维的食物

1份水果

1~2种动物性食物

1种豆制品

一定要记住的事:
进食不过晚,
别吃得太油腻,
会影响睡眠.

来玩晚餐搭配游戏

烧蘑菇盖饭

紫米汁

玉米面粥

清炒西葫芦

（烧蘑菇盖饭 + 清炒西葫芦 + 紫米汁）

香菇油菜

蔬菜汤

虾仁炒疙瘩

（虾仁炒疙瘩 + 香菇油菜 + 玉米面粥）

番茄煲仔饭

（番茄煲仔饭 + 蔬菜汤）

图书在版编目（CIP）数据

会做饭的孩子真棒 / 崔潆兮，杨子涵，冯翰飞编著
. —北京：中国轻工业出版社，2023.11
ISBN 978-7-5184-4096-2

Ⅰ.①会… Ⅱ.①崔…②杨…③冯… Ⅲ.①菜谱
Ⅳ.① TS972.12

中国版本图书馆CIP数据核字（2022）第145555号

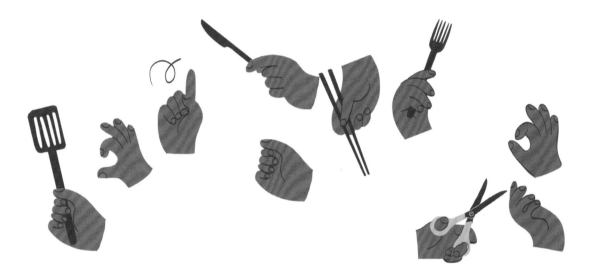

责任编辑：翟　燕　　责任终审：高惠京　　整体设计：王超男
策划编辑：翟　燕　　责任校对：朱春燕　　责任监印：张京华

出版发行：中国轻工业出版社（北京东长安街6号，邮编：100740）

印　　刷：北京博海升彩色印刷有限公司

经　　销：各地新华书店

版　　次：2023年11月第1版第3次印刷

开　　本：787×1092　1/16　印张：8

字　　数：200千字

书　　号：ISBN 978-7-5184-4096-2　定价：49.80元

邮购电话：010-65241695

发行电话：010-85119835　传真：85113293

网　　址：http://www.chlip.com.cn

Email：club@chlip.com.cn

如发现图书残缺请与我社邮购联系调换

231877E3C103ZBW